计算机系列教材

安世虎 主编

孙 青 朱 波 谢 蕙 副主编

大学信息技术基础 学习与实验指导教程

（第2版）

清华大学出版社

北 京

内 容 简 介

本书是《大学信息技术基础教程(第 2 版)》的配套教材,按照理论教材包括的计算机基础知识、Windows 7 操作系统、网络技术、文字处理软件 Word 2010、电子表格软件 Excel 2010、演示文稿软件 PowerPoint 2010、多媒体技术、软件开发技术、信息安全技术、计算机发展新技术等知识结构组织和设计上机实验内容、学习指导、习题及其参考答案。全书分为上、中、下 3 篇:上篇是上机实验指导,该部分根据实际需要给出多个实验项目,每个实验都给出了实验目的、实验内容及实验步骤;中篇是学习指导与习题,该部分概括了理论教材的主要知识点,并提供思考题、单项选择题、多项选择题、判断题、填空题、简答题、操作题、设计题、计算题等多种类型的习题和练习;下篇是习题参考答案,该部分给出大部分习题的参考答案,为读者自我测试提供参考和借鉴。

本书能够充分满足学生在信息技术基础知识和基本技能方面学与练的需要,可作为与《大学信息技术基础教程(第 2 版)》同步使用的实验教材,也可作为高等院校非计算机专业"大学信息技术基础"和"计算机应用基础"课程的配套教材或者读者的自学参考书。

图书在版编目(CIP)数据

大学信息技术基础学习与实验指导教程/安世虎主编. —2 版. —北京:清华大学出版社,2019
(2023.2重印)
(计算机系列教材)
ISBN 978-7-302-53587-4

Ⅰ.①大… Ⅱ.①安… Ⅲ.①电子计算机-高等学校-教材 Ⅳ.①TP3

中国版本图书馆 CIP 数据核字(2019)第 180424 号

责任编辑:白立军
封面设计:常雪影
责任校对:胡伟民
责任印制:刘海龙

出版发行:清华大学出版社
网　　　址:http://www.tup.com.cn, http://www.wqbook.com
地　　　址:北京清华大学学研大厦 A 座　　　邮　　编:100084
社 总 机:010-83470000　　　邮　　购:010-62786544
投稿与读者服务:010-62776969, c-service@tup.tsinghua.edu.cn
质量反馈:010-62772015, zhiliang@tup.tsinghua.edu.cn
课件下载:http://www.tup.com.cn,010-83470236

印 装 者:三河市铭诚印务有限公司
经　　销:全国新华书店
开　　本:185mm×260mm　　印　张:11.5　　字　数:288 千字
版　　次:2014 年 8 月第 1 版　　2019 年 10 月第 2 版　　印　次:2023年2月第4 次印刷
定　　价:39.00 元

产品编号:082555-01

前　　言

　　针对"大学信息技术基础"课程的教学要求和高校计算机基础教育实践性强的特点，为了提升学生上机的实践效果和课后复习与练习质量，我们修订编写了这本《大学信息技术基础学习与实验指导教程(第2版)》作为《大学信息技术基础教程(第2版)》的配套教材。本书由上篇、中篇和下篇三部分组成。

　　(1) 上篇是上机实验指导。本部分是基于《大学信息技术基础教程(第2版)》各章节相关内容，有针对性地设计了多个项目实验，每个项目实验都给出明确的实验目的、具体的实验内容、详细的实验步骤以及必要的提示信息，读者可以边操作边学习。

　　(2) 中篇是学习指导与习题。本部分系统地介绍各章的学习目标、基本要求和主要知识点，提供与各章节内容密切相关的、形式多样的习题和练习。有利于课外自主学习和自我测试，达到巩固所学知识的目的。

　　(3) 下篇是习题参考答案。本部分内容是中篇习题部分的参考答案，目的是辅助读者学习，开阔解题思路。需要强调的是，做习题时，应将重点放在正确理解、掌握与题目相关的知识点上，而不是死记硬背答案。特别是操作题、综合设计题等，其解题思路是多样的，答案(或得到相同答案的方法)不是唯一的，因此需要读者勤于思考，融会贯通，不断提高自己分析问题、解决问题的能力。

　　在本书的编写过程中始终把"加强基础、提高能力、重在应用"作为编写原则，力求概念准确、原理易懂、层次清晰、突出应用、详略得当、图文并茂。参与本书编写的人员均来自教学一线，具有丰富的教学经验。各章编写分工如下：第1章、第7章和第18章由安世虎编写，第2章、第8章、第14章、第19章和第25章由周恩锋编写，第3章、第10章和第21章由谢蕙编写，第4章、第11章和第22章由谭峤编写，第5章、第12章、第16章、第23章和第27章由朱波编写，第6章、第13章、第17章、第24章和第28章由隋丽红编写，第9章、第15章、第20章和第26章由孙青编写，全书由安世虎统稿。

　　由于信息技术的发展日新月异以及编者学识水平所限，书中难免有疏漏之处，敬请广大读者不吝赐教，批评指正。

编　者

2019 年 4 月 20 日

目　录

上篇　上机实验指导

第 1 章　计算机基础知识实验 ································ 3

【实验 1】 键盘与指法练习 ···························· 3
实验目的 ······································· 3
实验内容 ······································· 3

第 2 章　Windows 7 操作系统实验 ······················· 8

【实验 1】 Windows 7 的基本操作 ····················· 8
实验目的 ······································· 8
实验内容 ······································· 8
【实验 2】 文件和文件夹管理 ························· 9
实验目的 ······································· 9
实验内容 ······································ 10
【实验 3】 Windows 7 其他管理 ······················ 11
实验目的 ······································ 11
实验内容 ······································ 12
【实验 4】 Windows 7 系统设置 ······················ 13
实验目的 ······································ 13
实验内容 ······································ 13

第 3 章　文字处理软件 Word 2010 实验 ·················· 15

【实验 1】 Word 2010 的基本操作 ···················· 15
实验目的 ······································ 15
实验内容 ······································ 15
【实验 2】 Word 2010 文本的编辑 ···················· 17
实验目的 ······································ 17
实验内容 ······································ 17
【实验 3】 Word 2010 文档的格式设置 ················· 19
实验目的 ······································ 19
实验内容 ······································ 20

【实验 4】 长文档的编辑 ··· 21

实验目的 ··· 21

实验内容 ··· 21

【实验 5】 Word 2010 表格的操作 ······························· 22

实验目的 ··· 22

实验内容 ··· 23

【实验 6】 Word 2010 中其他对象的操作 ····················· 24

实验目的 ··· 24

实验内容 ··· 24

【实验 7】 MS Office 2010 全国计算机二级考试 Word 2010 真题 ······ 26

实验目的 ··· 26

实验内容 ··· 26

第 4 章　电子表格软件 Excel 2010 实验 ························· 27

【实验 1】 Excel 2010 的基本操作 ····························· 27

实验目的 ··· 27

实验内容 ··· 27

【实验 2】 数据的输入和编辑 ································· 28

实验目的 ··· 28

实验内容 ··· 28

【实验 3】 工作表的格式化 ····································· 30

实验目的 ··· 30

实验内容 ··· 30

【实验 4】 公式和函数的使用 ································· 31

实验目的 ··· 31

实验内容 ··· 31

【实验 5】 图表的操作 ··· 32

实验目的 ··· 32

实验内容 ··· 32

【实验 6】 Excel 数据管理 ····································· 34

实验目的 ··· 34

实验内容 ··· 34

【实验 7】 页面设置 ··· 37

实验目的 ··· 37

实验内容 ··· 37

【实验 8】 MS Office 2010 全国计算机二级考试 Excel 真题

——人口普查统计分析 ··························· 38

实验目的 ··· 38

实验内容 ·· 38

第 5 章　演示文稿软件 PowerPoint 2010 实验 ································ 46
　【实验 1】　创建制作演示文稿 ··· 46
　　实验目的 ··· 46
　　实验内容 ··· 46
　【实验 2】　设置 PowerPoint 2010 幻灯片的动态效果和放映方式 ········ 48
　　实验目的 ··· 48
　　实验内容 ··· 49
　【实验 3】　MS Office 2010 全国计算机二级考试 PowerPoint 2010 真题 ··· 52
　　实验目的 ··· 52
　　实验内容 ··· 52

第 6 章　多媒体技术实验 ··· 54
　【实验 1】　图片管理软件 ACDSee ·· 54
　　实验目的 ··· 54
　　实验内容 ··· 54

中篇　学习指导与习题

第 7 章　计算机基础知识学习指导与习题 ···························· 57
　7.1　学习提要 ·· 57
　　7.1.1　学习目标与要求 ·· 57
　　7.1.2　主要知识点 ··· 57
　7.2　习题 ··· 58
　　7.2.1　简答题 ·· 58
　　7.2.2　选择题 ·· 58
　　7.2.3　判断题 ·· 61
　　7.2.4　填空题 ·· 62
　　7.2.5　计算题 ·· 64

第 8 章　Windows 7 操作系统学习指导与习题 ······················ 65
　8.1　学习提要 ·· 65
　　8.1.1　学习目标与要求 ·· 65
　　8.1.2　主要知识点 ··· 65
　8.2　习题 ··· 66
　　8.2.1　单项选择题 ··· 66
　　8.2.2　填空题 ·· 69

8.2.3　简答题 ··· 71

8.2.4　操作题 ··· 71

第 9 章　网络技术学习指导与习题 ··· 73

9.1　学习提要 ··· 73

9.1.1　学习目标与要求 ··· 73

9.1.2　主要知识点 ··· 73

9.2　习题 ··· 74

9.2.1　单项选择题 ··· 74

9.2.2　填空题 ··· 75

9.2.3　简答题 ··· 76

第 10 章　文字处理软件 Word 2010 学习指导与习题 ····························· 77

10.1　学习提要 ·· 77

10.1.1　学习目标与要求 ·· 77

10.1.2　主要知识点 ·· 77

10.2　习题 ·· 78

10.2.1　单项选择题 ·· 78

10.2.2　填空题 ·· 84

10.2.3　判断题 ·· 85

10.2.4　操作题 ·· 86

第 11 章　电子表格软件 Excel 2010 学习指导与习题 ···························· 88

11.1　学习提要 ·· 88

11.1.1　学习目标与要求 ·· 88

11.1.2　主要知识点 ·· 88

11.2　习题 ·· 89

11.2.1　单项选择题 ·· 89

11.2.2　判断题 ·· 96

11.2.3　填空题 ·· 96

11.2.4　操作题 ·· 97

第 12 章　演示文稿软件 PowerPoint 2010 学习指导与习题 ······················ 100

12.1　学习提要 ··· 100

12.1.1　学习目标与要求 ··· 100

12.1.2　主要知识点 ··· 100

12.2　习题 ··· 101

12.2.1　单项选择题 ··· 101

　　　　12.2.2　判断题……………………………………………104
　　　　12.2.3　填空题……………………………………………105
　　　　12.2.4　简答题……………………………………………106
　　　　12.2.5　操作题……………………………………………106

第13章　多媒体技术学习指导与习题………………………………107
　　13.1　学习提要……………………………………………………107
　　　　13.1.1　学习目标与要求…………………………………107
　　　　13.1.2　主要知识点………………………………………107
　　13.2　习题…………………………………………………………108
　　　　13.2.1　单项选择题………………………………………108
　　　　13.2.2　填空题……………………………………………111
　　　　13.2.3　简答题……………………………………………111

第14章　软件开发技术学习指导与习题……………………………112
　　14.1　学习提要……………………………………………………112
　　　　14.1.1　学习目标与要求…………………………………112
　　　　14.1.2　主要知识点………………………………………112
　　14.2　习题…………………………………………………………113
　　　　14.2.1　单项选择题………………………………………113
　　　　14.2.2　填空题……………………………………………115
　　　　14.2.3　简答题……………………………………………117

第15章　信息安全技术学习指导与习题……………………………118
　　15.1　学习提要……………………………………………………118
　　　　15.1.1　学习目标与要求…………………………………118
　　　　15.1.2　主要知识点………………………………………118
　　15.2　习题…………………………………………………………118
　　　　15.2.1　单项选择题………………………………………118
　　　　15.2.2　判断题……………………………………………119
　　　　15.2.3　填空题……………………………………………120

第16章　计算机发展新技术学习指导与习题………………………121
　　16.1　学习提要……………………………………………………121
　　　　16.1.1　学习目标与要求…………………………………121
　　　　16.1.2　主要知识点………………………………………121
　　16.2　习题…………………………………………………………122
　　　　16.2.1　填空题……………………………………………122
　　　　16.2.2　简答题……………………………………………122

第 17 章　综合习题 ……………………………………………………………… 123
　　17.1　计算机基础知识 ………………………………………………………… 123
　　17.2　文字处理软件 Word …………………………………………………… 125
　　17.3　电子表格软件 Excel …………………………………………………… 127
　　17.4　演示文稿软件 PowerPoint …………………………………………… 129
　　17.5　数据结构与算法 ………………………………………………………… 132
　　17.6　程序设计与软件工程 …………………………………………………… 134

下篇　习题参考答案

第 18 章　计算机基础知识习题参考答案 …………………………………… 139
　　18.1　简答题 …………………………………………………………………… 139
　　18.2　选择题 …………………………………………………………………… 139
　　18.3　判断题 …………………………………………………………………… 139
　　18.4　填空题 …………………………………………………………………… 139
　　18.5　计算题 …………………………………………………………………… 140

第 19 章　Windows 7 操作系统习题参考答案 …………………………… 141
　　19.1　单项选择题 ……………………………………………………………… 141
　　19.2　填空题 …………………………………………………………………… 141
　　19.3　简答题 …………………………………………………………………… 142
　　19.4　操作题 …………………………………………………………………… 143

第 20 章　网络技术习题参考答案 …………………………………………… 144
　　20.1　单项选择题 ……………………………………………………………… 144
　　20.2　填空题 …………………………………………………………………… 144
　　20.3　简答题 …………………………………………………………………… 144

第 21 章　文字处理软件 Word 2010 习题参考答案 ……………………… 145
　　21.1　单项选择题 ……………………………………………………………… 145
　　21.2　填空题 …………………………………………………………………… 145
　　21.3　判断题 …………………………………………………………………… 146
　　21.4　操作题 …………………………………………………………………… 146

第 22 章　电子表格软件 Excel 2010 习题参考答案 ……………………… 149
　　22.1　单项选择题 ……………………………………………………………… 149
　　22.2　判断题 …………………………………………………………………… 149
　　22.3　填空题 …………………………………………………………………… 149
　　22.4　操作题 …………………………………………………………………… 150

第 23 章　演示文稿软件 PowerPoint 2010 习题参考答案 ················ 154

23.1　单项选择题 ················ 154

23.2　判断题 ················ 154

23.3　填空题 ················ 154

23.4　简答题 ················ 155

23.5　操作题 ················ 156

第 24 章　多媒体技术习题参考答案 ················ 157

24.1　单项选择题 ················ 157

24.2　填空题 ················ 157

24.3　简答题 ················ 157

第 25 章　软件开发技术习题参考答案 ················ 158

25.1　单项选择题 ················ 158

25.2　填空题 ················ 158

25.3　简答题 ················ 159

第 26 章　信息安全技术习题参考答案 ················ 160

26.1　单项选择题 ················ 160

26.2　判断题 ················ 160

26.3　填空题 ················ 160

第 27 章　计算机发展新技术习题参考答案 ················ 161

27.1　填空题 ················ 161

27.2　简答题 ················ 161

第 28 章　综合习题参考答案 ················ 163

28.1　计算机基础知识 ················ 163

28.2　文字处理软件 Word ················ 163

28.3　电子表格软件 Excel ················ 163

28.4　演示文稿软件 PowerPoint ················ 163

28.5　数据结构与算法 ················ 163

28.6　程序设计与软件工程 ················ 163

附录 A　全国计算机等级考试二级 MS Office 高级应用考试真题 ················ 164

参考文献 ················ 169

上篇　上机实验指导

第1章　计算机基础知识实验

【实验1】　键盘与指法练习

实验目的

(1) 熟悉键盘的键位排列,各控制键、功能键的基本功能。

(2) 掌握正确的打字指法。

(3) 掌握英文、数字和中文的快速输入方法。

实验内容

【练习1-1】　熟悉键盘,掌握正确的打字姿势。

要求1:熟悉主键盘的键位排列以及各功能键、控制键、光标编辑键、状态转换键的位置及基本功能。

通过键盘可以将字母、数字和汉字等数据输入到计算机中,从而实现人机交流。因此,学会操作键盘是学习数据输入的前提条件。根据各按键的功能,键盘可以分成5个键位区,如图1-1所示。

图 1-1　键盘分区

1．功能键区

功能键区位于键盘的最上方。其中，Esc 键常用于取消已执行的命令或取消输入的字符，在部分应用程序中具有退出的功能；F1～F12 键的作用在不同的软件中有所不同，F1 键常用于获取软件的使用帮助信息。

2．主键盘区

主键盘区包括字母键、数字键、控制键和 Windows 功能键等，是打字的主要区域。

CapsLock：大写锁定键。

Shift：实现双字符键的输入；实现大小写的切换；与鼠标合作完成文档内容或文件的选择。

Ctrl：与其他键连用，完成各种控制功能。

Alt：与其他键连用，完成选择功能和其他控制功能。

3．编辑控制键区

编辑控制键区一般位于键盘的右侧，主要用于在输入文字时控制插入光标的位置。

→：光标右移键。

←：光标左移键。

↑：光标上移键。

↓：光标下移键。

Insert：插入键。

Delete：删除键。

Home：首键。

End：尾键。

PgUp：上翻页键。

PgDn：下翻页键。

4．小键盘区

小键盘区又称为数字键区，主要功能是快速输入数字，一般由右手控制输入，主要包括 NumLock 键、数字键、Enter 键和符号键。

5．状态指示灯区

状态指示灯区有 3 个指示灯，主要用于提示键盘的工作状态。其中，NumLock 灯亮时表示可以使用小键盘区输入数字；CapsLock 灯亮时表示按字母键时输入的是大写字母；ScrollLock 灯亮时表示屏幕被锁定。

要求 2：掌握正确的打字姿势。

正确的打字姿势(见图 1-2)有助于准确、快速地将信息输入到计算机而又不容易疲劳。使用者应严格按下面要求进行训练。

(1) 坐姿要端正,上身保持笔直,全身自然放松。

(2) 座位高度适中,手指自然弯曲成弧形,两肘轻贴于身体两侧,与两前臂成直线。

(3) 手腕悬起,手指指肚要轻轻放在字键的正中面上,两手拇指悬空放在空格键上。此时的手腕和手掌都不能触及键盘或机桌的任何部位。

(4) 眼睛看着显示器,不要看键盘,身体其他部位不要接触工作台和键盘。

(5) 击键要迅速,节奏要均匀,利用手指的弹性轻轻地击打字键。

(6) 击打完毕,手指应迅速缩回原键盘规定的键位上。

图 1-2　正确的打字姿势

【练习 1-2】　英文打字指法练习。

(1) 键盘指法分区。

键盘指法分区如图 1-3 所示,它们被分配在两手的 10 个手指上。初学者应严格按照指法分区的规定敲击键盘,每个手指均有各自负责的上下键位,这里不适合"互相帮助"的原则。

图 1-3　键盘指法分区

(2) 键盘指法分工。

键盘第三排上的 A、S、D、F、J、K、L 和";"为基准键位置,如图 1-4 所示。其中,在 F、J 两个键位上均有一个突起的短横条,用左右手的两个食指可触摸这两个键以确定其他手指的键位。

(3) A、S、D、F、G、H、J、K、L 和";"键练习。

图 1-4　基准键位置

assss	dfff	ffggg	hhhjj	jjkkk	kkllll	gghh	hhhjj
ggfff	sss	kkkaa	llddd	jjjfff	ddhhh	aaakk	kkkaa
glads	jakh	saggh	hsklg	ghjgf	gfdsa	ghjgf	gfdsa
hgkh	lkjh	asdfg	lkjh	gfdsa	hjkl;	hjkl;	lkjh
gfdsa	hjkl;	gfdsa	hjkl;	gfdsa	hjkl;	fgf	hjkl;
fjhjfg	jhgf	fghj	fgfg	hjhj	hadfs	fghfj	fghj

(4) Q、W、E、R、T、Y、U、I、O、P 键练习。

owpqe	wwqqo	ppoow	ooqqp	wwqqo	powqp	oowqp	opwqw
qpqpw	wwwqo	pppww	ppqqp	qqwqq	ppqqp	wqwqp	qqppp
otyqe	wuoqq	ppterw	oyerq	eywqq	potuq	eoiqp	eiwtw
ppooo	oooiii	iiiuuu	uuyy	yytttt	rrreee	wwqq	ppyy
uurree	ooww	rriioo	wwo	qqppp	rruuoo	ppyyrr	qquu
wewr	pipt	euey	iwiu	wiei	weio	iep	wiei
qwert	poiuy	qwert	poiuy	qwert	poiuy	ert	pouuy
peiq	iere	eirw	ueir	rieu	feueu	qiwiq	ppwiq
retietie	eite	wryr	yqyu	tytyy	qququ	erey	yqpup

(5) Z、X、C、V、B、N、M 和 ","键练习。

zzxxx	xxxccc	ccbbb	bbbnn	nnmm	mm,,,,	ccnnn	
mmbb	mmvvv	cccnn	xxxnn	zzxxnn	ccc,,,	zzznn	
bvznc	nzvmxb	zcxvcn	nxcnvc	cmcxz	bmxcnc	vvxcvn	
zxcvb	mnmn	zxcvb	mnmn	zxcvb	mnnm	zxcvb	
zxnncx	vzxzn	ncnvbn	czczbn	mcxn	bczxb	vczxz	
bvcxz	cvbnm	bvcxz	cvbn	bvcxz	cvbnm	cvbnm	

【练习 1-3】 数字键盘指法练习。

数字键盘位于键盘的最右边,也称为小键盘。适合于对大量的数字进行输入的用户,其操作简单,只用右手便可完成相应的操作。其键盘指法分工与主键盘一样,基准键为4、5、6。其指法分工如图 1-5 所示。

图 1-5　数字键盘

1040	4047	4047	1404	7407	4107
1044	0477	0477	0369	6936	9630
6963	9630	0963	9660	6093	3906
4565	5456	5464	4564	5464	4564
5464	5566	4664	9633	3996	3960
3693	3696	3696	3690	3969	3690
1407	1470	7410	1407	0147	0477
0701	4140	1070	8585	0028	0850
2580	2852	0588	0585	0588	2580
4455	4554	4555	6655	4666	4664
5565	5655	5656	2580	0588	8500
2085	5280	8508	0058	0580	0080
8505	5882	2058	2208	2585	0258
2258	0588	0582	9699	6963	0696
0639	9660	3993	0369	3993	3639

【练习 1-4】　中文输入法练习。

按 Ctrl＋Space(空格键)快捷键在英文输入法和默认中文输入法之间切换。单击任务栏上的输入法图标,或者按 Ctrl＋Shift 快捷键可以选择某种中文输入法。

根据选定的中文输入法,通过键盘输入该输入法的输入码并选择要输入的中文字符。具体输入方法可参阅相关输入法的介绍。

【练习 1-5】　指法训练软件使用。

指法训练软件最好采用如 TT、CAI 和"打字通"这些训练软件,它们有一定的科学性和合理性,利用这些软件可以使指法得到充分的训练,达到快速、准确地输入英文字母的目的。建议网上下载相关指法训练软件。

第2章 Windows 7 操作系统实验

【实验1】 Windows 7 的基本操作

实验目的

(1) 掌握 Windows 7 的启动与退出操作。
(2) 掌握 Windows 7 桌面和桌面对象的基本操作。
(3) 掌握 Windows 7 窗口和对话框的基本操作。
(4) 掌握各种菜单的使用。
(5) 熟悉系统帮助文件和快捷键的使用。

实验内容

【练习 2-1】 Windows 7 的启动与退出操作。

(1) 启动 Windows 7,打开附件中的画图软件,正确重新启动计算机。

(2) 打开附件中的画图软件,锁定计算机,观察显示器,听主机箱内的风扇是否关闭,解除锁定,观察操作环境是否发生改变。

(3) 使计算机进入休眠模式,观察显示器,听主机箱内的风扇是否关闭,开启计算机,观察操作环境是否发生改变。

(4) 注销用户,观察操作环境是否发生变化,计算机是否关闭,重新登录用户,观察操作环境是否发生变化。

(5) 切换到其他用户,再切换回来,观察操作环境是否发生变化。

【练习 2-2】 操作桌面。

(1) 将桌面上的计算机图标隐藏,再显示出来。

(2) 按不同的方式排列桌面图标。

(3) 解除和锁定任务栏,自动隐藏任务栏,改变任务栏的大小和位置。

(4) 在 D 盘中建立一个文本文件 firstwork.txt,将该文件固定到快速启动栏,单击快速启动栏上的图标,观察此操作的效果。

(5) 在"任务栏和开始菜单属性"对话框"任务栏"选项卡中,选择"自定义"按钮,将"Windows 任务管理器"显示到任务栏通知区域,再将它从任务栏通知区域中去除,思考什么情况下使用该操作。

(6) 双击计算机图标打开"资源管理器",再打开回收站,使用鼠标和键盘两种方式在两个窗口之间进行切换。

【练习 2-3】　窗口和对话框的基本操作。

(1) 任意打开一个窗口,使用控制按钮控制窗口的最大化、最小化、恢复和关闭。

(2) 改变窗口大小和位置(最大化时不可进行该操作)。

(3) 打开窗口的控制菜单(按 Alt＋Space 键)重复(1)和(2)中的操作。注意在使用控制菜单改变窗口大小和移动窗口时,不要按下鼠标,使用编辑键盘上的方向键,此后可以晃动鼠标观察效果,然后按下鼠标或 Enter 键完成操作。

(4) 打开两个窗口,在任务栏空白处右击,弹出快捷菜单,观察窗口 3 种排列方式的效果,思考该操作在什么情况下使用?

(5) 分别使用快捷键和控制菜单关闭窗口。

(6) 打开"系统属性"窗口,单击"高级系统设置"图标,打开"系统属性"对话框。分别使用鼠标和快捷键查看不同的选项卡,观察对话框中的各种表单元素。

【练习 2-4】　3 种菜单的操作。

(1) 打开"开始"菜单,打开附件中的计算器程序。

(2) 拖动 D 盘上的 firstwork. txt 文件到"开始"按钮处,将该文件添加到"开始"菜单,锁定到任务栏,从任务栏将该文件解锁,从任务栏和"开始"菜单中删除该文件,打开 D 盘,查看 firstwork. txt 文件,思考这个操作对用户有什么帮助?

(3) 打开 D 盘,显示和隐藏窗口菜单,选中 firstwork. txt 文件,使用鼠标操作菜单,将文件移动到 E 盘,再使用热键(括号内的字母)将文件移动回 D 盘。

(4) 选中 firstwork. txt 文件,使用快捷菜单实现(3)中的操作。

【练习 2-5】　系统帮助文件与快捷键的使用。

(1) 在 Windows 7"资源管理器"中,使用热键 Alt＋H,或功能键 F1 打开系统帮助文件,在搜索栏中输入"快捷键",在系统分类列出的快捷键中选择自己感兴趣的至少 20 个快捷键。

(2) 记录并通过操作了解这些快捷键的作用。

【实验 2】　文件和文件夹管理

实验目的

(1) 熟悉 Windows 7 的"资源管理器"。

(2) 熟练掌握文件和文件夹的选定、复制、移动、删除、重命名等基本操作。

(3) 熟练使用回收站,了解回收站的属性设置。

(4) 掌握文件属性查看和设置。

(5) 掌握文件搜索操作。

(6) 掌握快捷方式的创建、使用和删除操作。

(7) 了解文件打开方式更改操作。

实验内容

【练习 2-6】 Windows 7 资源管理器的使用。

（1）双击桌面"计算机"图标打开"资源管理器"，观察资源管理器的组成。

（2）在结构窗格中单击本地磁盘 D，观察右侧工作区的变化；单击地址栏上的"计算机"，展开结构窗格中的本地磁盘 D，观察右侧工作区的变化；单击地址栏中的"计算机"，在右侧工作区中双击本地磁盘 D，观察结构窗格中的变化。

（3）使用窗口菜单的"查看"菜单改变工作区中的显示风格，在"详细信息"查看方式下，反复单击工作区上方的"修改日期"，观察工作区的变化，思考这些操作对人们有什么帮助。

（4）在右侧工作区中选中不同的文件或文件夹，观察细节窗格中的变化。

【练习 2-7】 文件和文件夹的基本操作。

（1）在 D 盘上创建 mydir 文件夹，在该文件夹下创建 mywork. txt 文件；在 E 盘同样创建一个 mydir 文件夹，在该文件夹下创建 yourwork. txt 文件。

（2）使用快捷菜单将 mywork. txt 文件复制到 E 盘的 mydir 文件夹下，使用窗口菜单将 yourwork. txt 文件移动到 D 盘的 mydir 文件夹下。

（3）在 D 盘 mydir 文件夹下尝试再建立一个 yourwork. txt 文件，观察会发生什么情况。

（4）删除 E:\mydir 文件夹下的 mywork. txt 文件，使用快捷键将 yourwork. txt 文件移动到 E:\mydir 文件夹下，使用快捷键将 mytest. txt 文件复制到 E:\mydir 文件夹下。

（5）打开 E 盘 mydir 文件夹，将 yourwork. txt 文件拖动到左侧结构窗格的 E 盘图标上，观察 E 盘和 E:\mydir 文件夹。

（6）使用鼠标拖动的方式将 E 盘上的 yourwork. txt 文件复制到 D 盘、E 盘 mydir 文件夹下，移动 yourwork. txt 到 D:\mydir 下。

（7）在当前文件夹窗口的地址栏中输入 D:\mydir 并按 Enter 键后，观察文件夹的变化，在地址栏输入 D:\mydir\mywork. txt 并按 Enter 键后，观察发生了什么事情，可以得出何种结论？

（8）在 D 盘建立一个文件名为"T?. txt"（汉字符号?）和"T?. txt"（英文符?）的文件，在建立成功的文件中输入 ok 并关闭保存，将文件名修改为 ok. txt。

【练习 2-8】 回收站操作与设置。

（1）删除 D 盘下的 ok. txt 文件，回到桌面，打开回收站，将该文件还原，将其他文件清空。清空时如果文件较多建议使用全选。

（2）查看回收站属性，选中 D 盘，设置删除文件不进回收站，回到资源管理器，分别删除 D 盘和 E 盘上的 yourwork. txt 文件，打开回收站，查看 yourwork. txt 文件的属性，确认该文件来自哪个驱动器，还原这个文件。在"回收站属性"对话框中恢复刚才修改的两个设置。

（3）使用 Shift＋Delete 快捷键，删除 E 盘下的 yourwork. txt 文件，打开回收站，观察

yourwork.txt 文件是否在回收站中。

(4) 查看回收站属性,取消"显示删除确认对话框"复选框的选中状态,再次删除 E 盘下的 yourtexst.txt 文件,观察与之前的删除操作有什么不同,恢复"显示删除确认对话框"的选中状态,并还原 yourwork.txt 文件。

【练习 2-9】　文件属性设置和文件搜索。

(1) 在 D 盘 ok.txt 文件快捷菜单中选择"属性"命令,查看 ok.txt 文件的属性,查看位置、类型、创建和修改时间,思考为什么这个文件只有 4B,却占了 4KB 的空间?

(2) 将 ok.txt 文件设置为只读文件,打开 ok.txt 文件,删除文件的内容,保存。取消修改关闭文件,将 ok.txt 文件删除,进入回收站将 ok.txt 文件还原。

(3) 将 ok.txt 文件设置为隐藏文件,按 F5 功能键或者使用快捷键刷新 D 盘,ok.txt 文件不可见,单击"开始"菜单,选择"控制面板",选择"查看方式"为"小图标",双击"文件夹选项"图标,打开"文件夹选项"对话框,选择"查看"选项卡,在"隐藏文件和文件夹"处选择"显示隐藏的文件、文件夹和驱动器"单选按钮,回到 D 盘,可以重新看到 ok.txt 文件。

(4) 在 D 盘的搜索栏中输入 my,观察工作区,在 E 盘中输入 ourtext,观察工具栏,可以得出什么结论? 在 E 盘搜索栏中输入 *.txt,观察工具栏,体会通配符的作用。

(5) 单击"开始"按钮,在搜索栏中输入 *.txt,观察结果工作区,与(4)操作进行比较,得出什么结论?

【练习 2-10】　快捷方式的创建、使用和删除。

(1) 在桌面快捷菜单中为 D 盘上的 mydir 文件夹建立快捷方式,观察快捷方式的图标与其他图标的区别。

(2) 双击快捷方式观察打开目标文件的效果,右击,查看快捷方式的属性,单击查找目标。

(3) 打开 D 盘上的 mydir 文件夹,右击 mywork.txt 文件,在快捷菜单中使用"发送"方式为文件建立桌面快捷方式。

(4) 更改桌面上 mywork.txt 文件的快捷方式的文件名为"我的文档",打开快捷方式的"属性"对话框,单击"修改图标"命令,将图标修改为文件夹的图标。到网络上检索一下有没有取消快捷方式小箭头的方法,并思考一下,这给人们什么提示?

(5) 删除以上建立的快捷方式,再打开对应文件夹,观察删除快捷方式对文件的影响。

【实验 3】　Windows 7 其他管理

实验目的

(1) 掌握磁盘属性查看和格式化操作,熟悉使用磁盘管理工具。

(2) 掌握应用程序的安装、卸载操作。

(3) 熟练使用任务管理器。

（4）熟悉设备管理器的查看，了解硬件驱动程序安装操作。

实验内容

【练习 2-11】 磁盘属性查看和格式化，使用磁盘管理工具。

（1）在 Windows 7 资源管理器中，选中任一磁盘，打开"磁盘属性"对话框，查看磁盘的基本属性。

（2）选择非系统盘中的任一个，打开"磁盘属性"对话框，在"常规"选项卡中进行磁盘清理。

（3）选择非系统盘中的任一个，打开"磁盘属性"对话框，在"工具"选项卡中进行磁盘碎片整理。

（4）选择非系统盘中的任一个，打开"磁盘属性"对话框，在"工具"选项卡中进行磁盘检查。

（5）选择非系统盘中的任一个，在磁盘新建一个文本文件并双击打开，执行对该磁盘的格式化操作。

注意：此操作一定要严格按照操作步骤进行。

【练习 2-12】 应用程序的安装与卸载。

（1）从网络上下载一个绿色软件，解压后直接运行。当然真正的绿色软件和伪绿色软件是有区别的，如果解压后运行时提示需要先运行某个 .reg 程序，那么该软件是伪绿色软件。

（2）从网上下载 QQ 的最新版本，从"开始"菜单将已安装的 QQ 软件卸载，然后直接双击下载的文件了解安装过程。

（3）使用控制面板，打开"程序和功能"窗口，选择程序，单击"卸载"按钮，再次卸载 QQ 软件。

（4）再次安装 QQ，安装完成后，找到 QQ 程序所在文件夹，将文件夹直接删除，在"开始"菜单的搜索框中输入 regedit 命令，打开注册表，单击功能键 F3，在弹出的"查找"对话框中，输入 QQ.exe，单击"选择下一个"命令，观察查找结果。

【练习 2-13】 任务管理器和设备管理器。

（1）在桌面上建立一个文本文件并打开，按 Ctrl＋Shift＋Esc 键打开任务管理器或直接在任务栏空白处右击，在快捷菜单中打开。选择任务管理器的"应用程序"选项卡，在此界面关闭文本文件，再重新打开。

（2）在"进程"选项卡中，单击"映像名称"，可以使进程按进程名称升序或降序排列，找到进程名为 notepad.exe 的进程，结束进程。

（3）使用 Ctrl＋Tab 键切换选项卡，查看"性能""联网"和"用户"选项卡，思考这些选项卡在什么情况下对人们的操作有帮助。

（4）打开设备管理器，单击"用户名"，扫描检测硬件改动，如果没有带特殊标志的设备，表明所有连接的设备都正常工作。

（5）选择"声音、视频和游戏控制器"中的"high definition Audio 设备"右击，将该设备禁用,从"开始"菜单打开控制面板,单击"查看",切换到经典视图,双击"声音"图标,观察情况,回到资源管理器启用该设备,重复控制面板的操作,观察情况。比较这两种情况。

(6) 本实验选做,事先向指导教师领取显卡驱动程序,存放在某文件夹下,选中"显示适配器"中的显示设备,右击,选择"卸载"命令,重新扫描检测硬件改动,观察该设备的图标变化;选中该设备右击,选择"更新驱动程序软件"→"浏览计算机以查找驱动程序软件",在组合框中浏览存放驱动程序的文件夹,单击"下一步"按钮,系统将检查驱动程序与设备是否匹配,如果匹配即开始安装。

【实验 4】 Windows 7 系统设置

实验目的

(1) 了解鼠标、键盘的设置。
(2) 掌握显示属性的设置。
(3) 了解日期和时间设置,掌握区域和语言设置。
(4) 掌握用户账户管理。
(5) 了解其他的管理工具。

实验内容

【练习 2-14】 鼠标和键盘的设置。

(1) 在控制面板中,打开"鼠标属性"对话框,切换鼠标主要和次要的按钮,设想一下这种设置在何种情况下对用户有帮助,改变鼠标的指针形状,并设置按下 Ctrl 键,显示鼠标的位置。

(2) 在控制面板中,打开"键盘属性"对话框,调整光标闪烁速度,观察效果,改变重复延迟和重复速度,打开文本文件,按下一个主键盘区的一个按键不松开,观察不同延迟和不同速度的区别。

【练习 2-15】 显示属性的设置。

(1) 在控制面板中,打开"显示"窗口,调整显示器的分辨率,选择不同的分辨率观察屏幕的显示效果。

(2) 为显示器校准颜色和配置更清晰的文字效果(ClearType)。

(3) 打开"个性化"窗口,制作自定义主题,并将它保存在用户文件夹下,主题包括桌面背景、窗口颜色、声音、屏幕保护程序 4 个基本项目,以及桌面图标、鼠标指针、账户图片 3 个辅助项目。

【练习 2-16】 日期、时间设置,区域和语言。

(1) 在控制面板中,打开"日期和时间"对话框,校准系统日期和时间。

(2) 打开"区域和语言设置"对话框,在"格式"选项卡中选择不同的国家格式,观察这些国家在日期时间和货币单位、数字格式、量度单位等方面的不同(其他设置)。

(3) 在键盘和语言选项卡中,单击"更改键盘"命令,为系统删除和添加输入法,并将自己最习惯的输入法设为默认输入法。在"高级键设置"选项卡中查看不同输入法切换的快捷键,修改其中的部分快捷键,观察效果后恢复。

【练习 2-17】 用户账号管理。

(1) 创建一个新账户,授予新账户管理员权限。

(2) 切换用户登录到新账户,观察新账户与原来账户桌面的差异。

(3) 从控制面板进入"更改账户"窗口,为新账户创建密码,修改密码,注销账户后,重新登录。

(4) 从控制面板进入"更改账户"窗口,删除新账户的密码,删除新账户。

【练习 2-18】 系统配置程序、服务、事件查看器。

(1) 在控制面板中双击"管理工具"图标,打开"管理工具"窗口,双击"系统配置程序",在其"常规"选项卡中选择"有选择的启动",在"启动"选项卡中选择一款应用软件,如QQ、暴风影音等,设置成开机启动,重启计算机观察效果。

(2) 在"管理工具"窗口中,双击"服务"图标,找到"传真"服务,阅读其详细描述,并将它禁用。

(3) 在"管理工具"窗口中,双击"事件查看器",打开"事件查看器"窗口,选择Windows 日志,分别单击应用程序和系统,观察自开始实验以来,运行了哪些程序? 在系统中发生了哪些事件?

第 3 章 文字处理软件 Word 2010 实验

【实验 1】 Word 2010 的基本操作

实验目的

(1) 熟悉 Word 2010 窗口界面的各个组成部分。
(2) 掌握 Word 2010 文档的创建、保存、关闭和打开。
(3) 掌握中、英文字符及特殊字符的输入。

实验内容

【练习 3-1】 使用"文件"选项卡中的"新建"命令建立文档。

1. 利用默认模板创建空白文档

(1) 启动 Word 2010,单击"文件"选项卡中的"新建"命令,打开"新建"任务窗口,如图 3-1 所示。

图 3-1 "新建"任务窗口

(2) 在右侧出现的"可用模板"中选择"空白文档"。
(3) 单击右下角的"创建"按钮,系统将依据默认模板迅速建立一个名为"文档 1"的新空白文档。

2. 利用特定模板建立新文档

(1) 在图 3-1 的"可用模板"中选择"样本模板"。

(2) 选择用户所需的模板"基本简历",单击"创建"按钮。

(3) 将文档保存为"个人简历"。

【练习 3-2】 新建 Word 2010 文档并输入内容。

(1) 新建一个空白文档。

提示:

① 启动 Word 2010 程序,自动新建一个空白文档。

② 启动 Word 2010 程序后,按 Ctrl+N 快捷键直接新建一个空白文档。

(2) 在空白文档中输入图 3-2 中的文本内容。

提示:选择一种熟悉的输入法输入文本,段首不要空格。除段落结束外,输入过程中不要按 Enter 键,注意中英文输入法的切换。

(3) 以"显卡.docx"为文件名保存文件文档。

提示:空白文档默认文件名是"文档 1",单击快速访问工具栏上的"保存"按钮,打开"保存"对话框进行保存。

(4) 关闭文档窗口。

显卡

　　显卡(display card)作为计算机主机里的一个重要组成部分,对于喜欢玩游戏和从事专业图形设计的人来说非常重要。民用显卡图形芯片供应商主要包括 ATI 和 NVIDIA 两家。

　　全称是 Graphic Processing Unit,中文翻译为"图形处理器"。NVIDIA 公司在发布 GeForce 256 图形处理芯片时首先提出的概念。GPU 使显卡减少了对 CPU 的依赖,并进行部分原本 CPU 的工作,尤其是在 3D 图形处理时。

　　GPU 所采用的核心技术有硬件 T&L、立方环境材质贴图和顶点混合、纹理压缩和凹凸映射贴图、双重纹理四像素 256 位渲染引擎等,而硬件 T&L 技术可以说是 GPU 的标志。

　　显卡的基本作用是控制计算机的图形输出,由显卡连接显示器,才能够在显示屏幕上看到图像,显卡由显示芯片、显示内存、RAM DAC 等组成,这些组件决定计算机屏幕上的输出,包括屏幕画面显示的速度、颜色,以及显示分辨率。显卡从早期的单色显卡、彩色显卡、加强型绘图显卡,一直到 VGA(video graphic array)显示绘图数组,都由 IBM 公司主导显卡的规格。VGA 在文字模式下为 720×400 像素分辨率,在绘图模式下为 640×480×16 色,或 320×200×256 色,而此 256 色显示模式即成为后来显卡的共同标准,因此通称显卡为 VGA。而后来各家显示芯片厂商更致力把 VGA 的显示能力再提升,而有 SVGA(Super VGA)、XGA(eXtended Graphics Array)等名词出现,显示芯片厂商便把 3D 功能与 VGA 整合在一起,即成为所贯称的 3D 加速卡、3D 绘图显卡。

图 3-2　实验素材(一)

【练习 3-3】 建立非 Word 2010 文档文件。

(1) 新建一个空白文档。

(2) 按图 3-3 输入文档内容。

提示:

① 选择"插入"选项卡"符号"组中的"符号"命令,在下拉菜单中选择"其他符号"命

令,打开"符号"对话框,选择特殊符号☞。

②　选择"插入"选项卡"文本"组中的"日期和时间"命令,打开"日期和时间"对话框,插入文本中的日期。

(3) 将文件保存为"值班室管理规定.txt"文件。

提示:单击"文件"选项卡中的"另存为"命令,打开"另存为"对话框,在"保存类型"下拉列表框中选择"纯文本(∗.txt)"。

(4) 关闭文档窗口。

☞值班室管理规定

　　第一条　熟悉业务,认真钻研,提高业务水平。文明值班,积极妥善地处理好职责范围内的一切业务。

　　第二条　坚守工作岗位,不得擅离职守,不做与值班无关的事项。

　　第三条　加强安全责任,保守机密,不得向无关人员泄露有关公司内部的情况。

　　第四条　遇到特殊情况需换班或代班者必须经值班主管同意,否则责任自负。

　　第五条　按规定时间交接班,不得迟到早退,并在交班前写好值班记录,以便分清责任。

2019 年 1 月 1 日

图 3-3 实验素材(二)

【实验 2】　Word 2010 文本的编辑

实验目的

(1) 掌握文本的各种选定方法。

(2) 掌握文本的删除、复制、移动、撤销和恢复等操作。

(3) 掌握文本的查找、替换和定位操作。

(4) 熟悉在文档中插入批注和文档修订。

(5) 学会使用自动更正功能检测、更正输入错误。

(6) 学会使用邮件合并功能,批量创建信函、电子邮件、传真、信封、标签等。

实验内容

【练习 3-4】　文本的删除、复制和移动。

(1) 打开"显卡.docx"文件。

(2) 将文档的第三段移动为最后一段。

提示:

①　单击"开始"选项卡"剪贴板"组中右下角的↘按钮,打开"剪贴板"窗格,熟悉该窗格的使用。

②　使用"开始"选项卡"剪贴板"组中的"剪切"和"粘贴"命令进行移动;或选中第三

段,使用鼠标直接拖动至文档最后。

(3) 删除文档第一段内容。

(4) 撤销第(3)步的操作。

提示: 单击快速访问工具栏的"撤销"按钮,撤销上一步的操作。

(5) 保存文档。

【练习 3-5】 文本的查找和替换。

(1) 打开"显卡.docx"文件。

(2) 查找文档中的"显卡"一词。

提示: 单击"开始"选项卡"编辑"组中的"查找"命令,打开"导航"窗格,进行查找。

(3) 将文档中 GPU 一词替换为"图形处理器",替换后字体格式设置为"隶书,四号,红色,加粗,着重号"。

提示: 单击"开始"选项卡"编辑"组中的"替换"命令,打开"替换"对话框,分别在"查找内容"和"替换为"文本框中输入 GPU 和"图形处理器",单击"替换为"文本框内部,然后单击"格式"按钮,在弹出菜单中选择"字体"命令,打开"替换字体"对话框,将"字体格式"设置为"隶书,四号,红色,加粗,着重号",然后关闭对话框。单击"全部替换"按钮,对设置的内容进行全文档替换。

(4) 保存文档。

【练习 3-6】 在文档中插入批注和文档修订。

(1) 打开"显卡.docx"文件。

(2) 对第一段的文字("显卡"二字)添加批注,批注内容为"这是标题";对第二段中"人们"一词添加批注,批注内容为"是否改为'用户'一词?"。

提示: 选择要设置批注的文本,单击"审阅"选项卡"批注"组中的"新建批注"命令,在文档右侧显示的批注文本框中输入批注内容。

(3) 启动文档的修订模式,将第一段内容格式修改为"黑体,小三号,加粗,居中",将第二段中"显得"一词删除。

提示: 单击"审阅"选项卡"修订"组中的"修订"命令,可进入修订模式。在修订模式中可对文档内容进行任意修改,每一次修改都将显示出特有的修订标记。

(4) 接受修订中对文档所做的修改。

提示: 右击某个修订,在弹出的快捷菜单中选择"接受格式更改"命令,确定接受对文档内容的修改。

(5) 保存文档。

【练习 3-7】 邮件合并。

(1) 打开实验素材文件夹中的"获奖证书主文档.docx"文件。

(2) 在"邮件"选项卡"开始邮件合并"组中,单击"选择收件人"命令,在下拉菜单中选择"使用现有列表",打开"选取数据源"对话框。

(3) 在"选取数据源"对话框中,选择"获奖表.xlsx"文件为数据源文件。

(4) 在主文档中将插入点定位于"团队"文本前面,在"邮件"选项卡"编辑和插入域"组中单击"插入合并域"命令,在下拉菜单中选择要插入的域名"团队名称"。

（5）将插入点定位于"荣获"文本后面，在"邮件"选项卡"编辑和插入域"组中单击"插入合并域"命令，在下拉菜单中选择要插入的域名"获奖成绩"。

（6）将插入点定位于"团队成员："文本后面，在"邮件"选项卡"编辑和插入域"组中单击"插入合并域"命令，在下拉菜单中选择要插入的域名"团队成员"。

（7）将插入点定位于"指导老师："文本后面，在"邮件"选项卡"编辑和插入域"组中单击"插入合并域"命令，在下拉菜单中分别选择要插入的域名"指导老师"。

（8）在"邮件"选项卡中，单击"完成"组中的"完成并合并"按钮，从打开的下拉菜单中选择合并结果输出方式为"编辑单个文档"，打开"合并到新文档"对话框，单击"确定"按钮。

（9）把形成的合并结果文档保存为"获奖证书.docx"文件，同时保存主文档。

【练习 3-8】　合并数据源中符合条件的特定记录。

（1）打开实验素材文件夹中的"学生成绩单主文档.docx"文件。

（2）在"邮件"选项卡"开始邮件合并"组中，单击"选择收件人"命令，在下拉菜单中选择"使用现有列表"命令，打开"选取数据源"对话框。

（3）在"选取数据源"对话框中，选择"学生成绩表.xlsx"文件为数据源文件。

（4）在"邮件"选项卡"开始邮件合并"组中，单击"编辑收件人列表"命令，打开"邮件合并收件人"对话框，单击"筛选"按钮，打开"筛选和排序"对话框。

（5）在"筛选和排序"对话框"筛选记录"选项卡中，设置"域"为"系部"，"比较关系"为"等于"，"比较对象"为"信息科学"；在"排序记录"选项卡中设置"排序依据"为"学号"。单击"确认"按钮。

（6）在主文档中将插入点定位于"同学"文本前面，在"邮件"选项卡"编辑和插入域"组中单击"插入合并域"命令，在下拉菜单中依次选择"系部""学号""姓名"选项。

（7）将插入点定位于"成绩为："文本后面，在"邮件"选项卡"编辑和插入域"组中单击"插入合并域"命令，在下拉菜单中选择要插入的域名"成绩"。

（8）在"邮件"选项卡中，单击"完成"组中的"完成并合并"按钮，从打开的下拉菜单中选择合并结果输出方式为"编辑单个文档"，打开"合并到新文档"对话框，单击"确定"按钮。

（9）把形成的合并结果文档保存为"信息科学系学生成绩单.docx"文件，同时保存主文档。

【实验 3】　Word 2010 文档的格式设置

实验目的

（1）掌握字符格式的设置。

（2）掌握段落的对齐、缩进、行间距和段间距、项目符号和编号、首字下沉、边框和底纹等格式的设置。

(3) 掌握设置页面的页眉、页脚、页码、分页、分节、分栏、插入目录等操作。

实验内容

【练习 3-9】 字符格式的设置。

(1) 打开"一次成功就够了.docx"文件。

(2) 设置标题行"一次成功就够了"的字体为"四号、黑体、加粗",设置字符间距加宽 1 磅。

提示:可以用"字体"组的功能区设置;也可单击"字体"组右下角的↘按钮,打开"字体"对话框,进行设置;也可用浮动工具栏设置。

(3) 设置最后一段文字的字体为"红色、加下画线"。

(4) 按原文件名保存文件。

【练习 3-10】 段落格式的设置。

(1) 打开"一次成功就够了.docx"文件。

(2) 设置标题行"一次成功就够了"居中显示,并添加蓝色文字边框。

提示:单击"开始"选项卡"段落"组中的"边框"按钮右侧的三角按钮,在下拉菜单中选择"边框与底纹"命令,打开"边框与底纹"对话框,单击"边框"选项卡,为选定的文字添加边框。

(3) 设置正文(除标题行外的所有文本)首行缩进 2 字符,左右缩进 1 字符,单倍行间距,段后间距 1 行。

提示:可以选择"开始"选项卡的"段落"组中进行段落格式设置;也可单击"段落"组右下角的↘按钮,打开"段落"对话框,使用该对话框进行设置。

(4) 按原文件名保存文件。

【练习 3-11】 设置分栏、通栏标题、等栏宽。

(1) 打开"一次成功就够了.docx"文件。

(2) 将文档分成栏宽相等的两栏,显示分隔线,设置通栏标题,设置左右两栏为等长栏。

提示:

① 选中整篇文档,单击"页面布局"选项卡"页面设置"组中的"分栏"按钮,在弹出的下拉菜单中选择"更多分栏"命令,打开"分栏"对话框,在此对话框中进行相应参数设置。

② 设置为通栏标题的方法是选中要设置为通栏标题的文本,单击"页面设置"组中的"分栏"按钮,在弹出的下拉菜单中选择"一栏"即可。

③ 设置等长栏的方法是将插入点置于要设置等长栏的文本结尾处,单击"页面设置"组中的"分隔符"按钮,选择"连续"型分节符即可。

(3) 设置正文第一段首字下沉,下沉行数为 3,距正文 1cm。

提示:选中第一段段落,使用"插入"选项卡"文本"组中的"首字下沉"命令,在单击下拉菜单中的"首字下沉选项"命令,打开"首字下沉"对话框,设置首字字体和下沉行数等参数。

（4）按原文件名保存文件。

【练习 3-12】　插入页眉和页脚。

（1）打开"职业教程.docx"文件。

（2）为文档插入页眉"职业教程"，页眉设置为"小五号字、宋体、居中"。

提示：单击"插入"选项卡"页眉和页脚"组中的"页眉"按钮，选择下拉菜单中的"编辑页眉"命令，在插入点处输入"职业教程"，再选中页眉文本，设置字体格式。

（3）在文档左下方页脚处插入页码，格式为Ⅰ、Ⅱ、Ⅲ、Ⅳ等。

提示：单击"插入"选项卡"页眉和页脚"组中的"页码"按钮，在下拉菜单中选择插入页码的位置和样式，系统就为各页在指定位置加上页码。再单击"插入"选项卡"页眉和页脚"组中的"页码"按钮，在下拉菜单中选择"设置页码格式"命令，打开"页码格式"对话框，在对话框中设置合适的页码格式。

（4）按原文件名保存文件。

【实验 4】　长文档的编辑

实验目的

（1）掌握使用格式刷和样式实现长文档格式的重用。

（2）掌握对长文档自动生成目录。

（3）掌握在长文档中添加引用内容。

实验内容

【练习 3-13】　使用样式实现长文档格式的重用。

（1）打开"职业教程.docx"文件。

（2）修改"开始"选项卡中"样式"组中样式列表框中的样式。

①"标题 1"样式的格式修改为"三号字、黑体、居中"，段前后间距各 1.5 行。

提示：右击"样式"组样式库中要修改的样式"标题 1"，在快捷菜单中，选择"修改"命令，打开"修改样式"对话框，在此对话框中调整样式的设置。

②"标题 2"样式的格式修改为"四号字、楷体、加粗、左对齐"，段前后间距各 1 行。

提示：同①。

③"标题 3"样式的格式修改为"小四号字、宋体、加粗、左对齐"，定义此格式样式为"三级标题"。

提示：同①。

④"正文"样式的格式修改为"五号字、隶书、左对齐"，首行缩进 2 个字符，1.5 倍行间距。

提示：同①。

(3) 使用上面修改好的样式,重置文档中各级标题和正文的格式。

提示:选中需要应用样式的文本或段落,或直接将插入点置于段落中,在样式列表中选择所需样式,所选文本或段落就按该样式重新排版。

(4) 按原文件名保存文件。

【练习3-14】 生成文档目录。

(1) 打开"职业教程.docx"文件。

(2) 在文档开头插入文档目录,标题显示级别设置为3。

提示:编排目录前必须做好准备工作。首先,将文档中的各级标题用系统的标题样式进行格式化并为文档插入页码(练习3-12和3-13已分别完成该两项操作)。之后,单击"引用"选项卡中"目录"组中的"目录"按钮,在下拉菜单中选择"插入目录"命令,打开"目录"对话框,在该对话框中可以进行创建目录设置。

【练习3-15】 添加题注。

(1) 打开"显卡.docx"文件,插入点定位到图片下方。

(2) 单击"引用"选项卡"题注"组中的"插入题注"按钮,打开"题注"对话框。

(3) 在"标签"下拉列表框中,选择标签类型为"图";如果没有"图"标签,可单击下方"新建标签"按钮,创建"图"标签。

(4) 单击"编号"按钮,打开"题注编号"对话框,在"格式"下拉列表框中可重新指定题注编号的格式。这里选择默认"图1"。

(5) 在"题注"文本框"图1"后面输入"显卡"。

(6) 所有的设置均完成后单击"确定"按钮,即可将题注添加到相应的文档位置。

【练习3-16】 添加尾注。

(1) 打开"显卡.docx"文件,选择文件中第一段的文本ATI。

(2) 单击"引用"选项卡"脚注"组右下角的↘按钮,打开"脚注和尾注"对话框,对脚注或尾注的位置、格式及应用范围等进行设置。例如,"位置"选择"尾注"列表框中"文档结尾",单击"插入"按钮。

(3) 在尾注编号后插入点位置输入"创立于1985年的ATI公司是全球著名的3D图形及多媒体技术供应商,专门设计、制造和销售适用于个人计算机的多媒体解决方案和图形元件,是唯一一家能和NVIDIA相抗衡的公司。2006年被AMD公司收购。"完成尾注的插入。

【实验5】 Word 2010 表格的操作

实验目的

(1) 掌握在Word 2010中表格的创建方法。

(2) 掌握表格中内容的输入与编辑操作。

(3) 掌握表格格式设置。

（4）掌握表格与文本之间的转换。

（5）掌握表格中数据的排序与计算。

实验内容

【练习 3-17】 表格的建立与编辑。

（1）新建一个空白文档，在文档中插入一个 5 行 3 列的表格，如表 3-1 所示为表格输入数据。

提示：创建好表格后，将插入点置于单元格中，然后输入文本。

（2）在表格最上面插入一行，输入"成绩单"3 个字作为表头，合并此行的 3 个单元格。

提示：插入点置于表格第一行中，单击"表格工具布局"选项卡"行和列"组中的"在上方插入"按钮。在新插入行的第一个单元格中输入"成绩单"。选中该行，单击"表格工具布局"选项卡"合并"组中的"合并单元格"按钮。

（3）在表格最下面插入一行，在该行第一列单元格中输入"平均成绩"。

提示：插入点置于表格第一行中，单击"表格工具布局"选项卡"行和列"组中的"在下方插入"按钮。

（4）将文档以"成绩表格"为文件名保存。

表 3-1　实验素材（三）

姓名	数学	语文
张达	90	86
王尔华	85	89
李武	98	98
郭柳柳	82	90

【练习 3-18】 表格格式的设置。

（1）打开"成绩表格.docx"文件。

（2）在表格的左侧插入一列，合并该列单元格，输入"第一学期成绩"，设置文字方向为"纵向"。

提示：输入"第一学期成绩"后，选择该单元格，右击，在快捷菜单中选择"文字方向"命令，弹出"文字方向"对话框，在对话框中选择"纵向"。

（3）将表头"成绩单"文字格式改为"黑体，四号，加粗，分散对齐"。

提示：对表格中字符格式的设置与在文档中对字符格式设置操作类似。

（4）设置除成绩单和第一学期成绩以外的其他单元格中文字格式为"宋体，五号"，内容在单元格中水平居中，表格在文档中居中对齐。

提示：选中单元格，右击，在快捷菜单中选择"单元格对齐方式"命令，在级联菜单中选择"水平居中"，即可使单元格中内容水平居中。选中表格，选择"开始"选项卡中"段落"组中的"居中"按钮，可使表格在文档中居中对齐。

（5）设置表格所有边框线为"1磅单实线"，将姓名列左侧的框线改为"0.5磅红色双实线"。

提示：选中表格，单击"开始"选项卡"段落"组中的"边框和底纹"按钮旁的三角按钮，打开"边框和底纹"对话框，进行设置。

（6）按原文件名保存文件。

【练习3-19】 表格中数据的计算。

（1）打开"成绩表格.docx"文件。

（2）用公式计算数学和语文成绩平均分，并填入对应单元格。

提示：插入点置于要输入数学平均成绩的单元格，单击"表格工具布局"选项卡"数据"组中的"公式"命令，在公式框中输入"＝AVERAGE(ABOVE)"，单击"确定"按钮。再在要输入语文平均成绩的单元格进行同样操作。

（3）按原文件名保存文件。

【实验6】 Word 2010中其他对象的操作

实验目的

（1）掌握图片、图形、文本框、艺术字、公式等对象的插入和编辑。

（2）掌握 SmartArt 图形的创建。

（3）掌握图文混排方法。

实验内容

【练习3-20】 图片、图形、文本框、艺术字的插入。

（1）打开"来自星星的你.docx"文件。

（2）在文档中插入艺术字"来自星星的你"。

提示：单击"插入"选项卡"文本"组中的"艺术字"按钮，在下拉菜单中选择一种艺术字样式，这时会在文档插入点位置出现艺术字框，在框内输入"来自星星的你"。

（3）插入竖排文本框，将正文第一段文字填入。

提示：选中第一段文本，单击"插入"选项卡"文本"组中的"文本框"按钮，在下拉菜单中选择"绘制竖排文本框"命令，选中文本框，并将文本框拖曳至合适位置，拖动文本框边框至合适大小。

（4）在文档中插入"来自星星的你.jpg"图片。

提示：选择"插入"选项卡"插图"组中的"图片"命令，打开"插入图片"对话框，选择要插入的图片，单击"插入"按钮。

（5）在文档的末尾插入自选图形笑脸。

提示：插入点置于文档末尾，单击"插入"选项卡"插图"组中的"形状"按钮，在打开的列表中选择所需的图形"笑脸",然后在文档中拖动鼠标。

(6) 按原文件名保存文件。

【练习 3-21】　图文混排。

(1) 打开"来自星星的你.docx"文件。

(2) 设置艺术字标题格式为华文行楷,高为 1.5cm,宽为 11cm,版式为四周型,并居中对齐。

提示:选中艺术字标题内的文字,在"开始"选项卡"字体"组中设置字体格式。选中艺术字框,右击,在快捷菜单中选择"设置艺术字格式"命令,弹出"设置艺术字格式"对话框中,在"大小"选项卡中设置高度和宽度,在"文字环绕"选项卡中设置"四周型",在"位置"选项卡中设置"居中对齐"。

(3) 设置插入的竖排文本框,文字为蓝色,框内填充"浅绿色",框线为 6 磅三线。

提示:选中文本框中的文字,在"开始"选项卡"字体"组中设置字体格式。选中文本框,右击,在快捷菜单中选择"设置形状格式"命令,设置填充颜色和线型。

(4) 在文档中插入文本框,填入"图 1-1 来自星星的你",将文本框移至图片下方,再将文本框与图片组合在一起,设置为四周环绕,左对齐。

提示:插入文本框,输入文字。拖动文本框至图片下方,按住 Ctrl 键同时单击图片和文本框,放开 Ctrl 键,在选中区域右击,在快捷菜单中选择"组合"命令。

(5) 将插入的笑脸自选图形设置为红色边框。

提示:选中自选图形笑脸,右击,在快捷菜单中选择"设置形状格式"命令,在"线条颜色"选项卡中设置。

(6) 按原文件名保存文件。

【练习 3-22】　创建 SmartArt 图形。

(1) 创建一个空白文档。

(2) 使用 SmartArt 创建如图 3-4 所示的组织结构图。

图 3-4　实验素材(四)

提示:

① 选择图形类型。单击"插入"选项卡中"插图"组中的 SmartArt 按钮,弹出"选择 SmartArt 图形"对话框,切换至"层次结构"选项卡,选择所需类型。

② 添加形状。右击需要添加形状的位置,在快捷菜单中单击"添加形状"→"在后面添加形状"命令。此时,在所选图形的后面添加了一个新的形状。输入需要的文本内容。

③ 更改颜色。选中图形,单击"SmartArt 工具设计"选项卡"更改颜色"按钮,在下拉

列表框中选择所需颜色。

④ 设置艺术字样式。选中图形,在"SmartArt 工具格式"选项卡"艺术字样式"列表中选中所需的样式。

(3) 以"组织结构图"为文件名保存文件。

【实验 7】 MS Office 2010 全国计算机二级考试 Word 2010 真题

实验目的

掌握 Word 2010 的综合应用。

实验内容

【练习 3-23】 在实验素材文件夹下打开文档 word. docx 文件,按照要求完成以下操作。

某国际学术会议将在某高校大礼堂举行,拟邀请部分专家、老师和学生代表参加。因此,学术会议主办方需要制作一批邀请函,并分别递送给相关专家、老师和学生代表。

请按照以下要求,完成邀请函的制作。

(1) 调整文档的版面,要求页面高度 20cm,页面宽度 28cm,页边距(上、下)为 3cm,页边距(左、右)为 4cm。

(2) 将实验素材文件夹下的图片"背景图片.jpg"设置为邀请函背景图片。

(3) 根据"word-最终参考样式.docx"文件,调整邀请函内容文字的字体、字号以及颜色。

(4) 调整正文中"国际学术交流会议"和"邀请函"两个段落的间距。

(5) 调整邀请函中内容文字段落对齐方式。

(6) 在"尊敬的"和"同志"文字之间,插入拟邀请的专家、老师和学生代表的姓名,姓名在实验素材文件夹下"通讯录.xlsx"文件中。每页邀请函中只能包含一个姓名,所有的邀请函页面请另外保存在一个名为"word-邀请函.docx"文件中。

(7) 邀请函制作完成后,以"最终样式.docx"为文件名进行保存。

第4章 电子表格软件 Excel 2010 实验

【实验1】 Excel 2010 的基本操作

实验目的

(1) 掌握 Excel 2010 工作簿文件的建立、保存与打开操作。

(2) 掌握工作表的插入、复制、移动、删除、重命名等操作。

(3) 掌握单元格区域的选取操作,插入和删除单元格、行、列。

实验内容

【练习 4-1】 工作表的基本操作。

(1) 创建一个空白的工作簿,以"实验 1. xlsx"为文件名保存,并练习工作簿文件的另存为、关闭、打开等操作。

(2) 打开工作簿"实验 1. xlsx"文件,练习工作表的插入、复制、移动、删除、重命名等操作。使"实验. xlsx"文件中包含 4 个工作表,依次是原始数据、房产销售情况、练习、Sheet1。

(3) 选定一个单元格,观察单元格名称;选定一个矩形区域;选定一行、一列;选定多个不连续的区域。

(4) 在第 2 行前面插入一行;将刚才插入的行删除;删除 B3 单元格。

提示:

① 工作簿在创建之初默认包含 3 个工作表,观察各工作表的名称。

② 右击工作表名,可以进行工作表的插入、复制、移动、删除、重命名等操作。

③ 单元格及区域选取操作。

a. 单击选定活动单元格。观察活动单元格的外观特征。并使用 Enter 键、Tab 键、Shift＋Tab 键、方向键观察活动单元格的变化。

b. 通过在工作表中拖动鼠标、Shift＋单击单元格、单击列标或行号、在列标或行号上拖动鼠标等操作选取连续的单元格区域。观察选定区域的外观特征。

c. 在按住 Ctrl 键的同时重复上述选取,观察选取区域的差别。

d. 选择"单元格"组中的"插入""删除"命令,可以进行插入、删除等操作。

【实验 2】 数据的输入和编辑

实验目的

（1）掌握工作表内单元格和区域的选取操作。

（2）掌握工作表数据的输入及编辑操作。

实验内容

打开 4.1 节建立的"实验 1.xlsx"工作簿文件，完成以下练习。

【练习 4-2】 数据的输入与编辑。

（1）输入不同类型的数据。

在"实验 1.xlsx"文件的"原始数据"工作表中输入如图 4-1 所示数据。可以单击单元格直接进行数据输入，也可以选定单元格，在编辑框中输入数据。观察各种不同类型数据的默认对齐方式和显示形式。

	A	B	C	D	E	F	G	H	I
1	东方房产12月销售表								
2	客户姓名	预定日期	楼号	户型	面积	单价	契税	契税总额	应交总额
3	徐晓林	2014-5-6	1-3-201	两室两厅	108	8023			
4	李菲	2014-5-19	2-1-601	三室两厅	128	8621			
5	彭贤超	2014-6-1	1-1-302	两室两厅	108	8432			
6	崔炳琴	2014-7-8	1-2-302	两室两厅	108	8532			
7	郭云峰	2014-7-8	1-2-1001	两室两厅	108	9358			
8	王青青	2014-7-24	2-1-1702	三室两厅	128	10235			
9	陆雪	2014-7-30	2-3-502	三室两厅	128	8978			
10	白东方	2014-8-4	2-3-401	三室两厅	128	8878			
11	黄胜瑞	2014-8-17	1-1-201	两室两厅	108	8767			
12	赵培培	2014-8-25	1-2-1502	两室两厅	108	9935			
13	刘广帅	2014-8-31	1-3-102	两室两厅	108	9623			
14	温华	2014-9-2	1-1-702	三室两厅	128	10373			
15	王新秀	2014-9-10	2-2-201	三室两厅	128	9108			
16									

图 4-1 "房产销售情况"工作表

提示：

① 第 1 行标题在 A1 单元格中输入，其字符串长度超过了该单元格的宽度，而右邻 B2 单元格没有内容，则 A1 内容占用 B2 的位置进行显示。

② 在第 1 列前插入一列"销售人员"，输入 08001、08003、08001、08002、08002、08001、08003、08001、08001、08003、08002、08003、08001。销售人员编号所在列的单元格内输入的是数字形式的字符型数据。请注意其输入方法。

③ 预定日期所在列的单元格输入的是日期型数据。选定该行，右击，在弹出的菜单中选择"设置单元格格式"，在"数字"选项卡选择"日期"，在"类型"中选择"* 2001-3-14"，确定后格式生效。

（2）选择性粘贴。

选定 B2:B15 以及 D2:E15 单元格区域,将其转置复制到 A17 开始的区域,形成工作表内的第二个表格。

提示：转置是使表格行变列、列变行。实现的方法是选定要转置区域进行复制,然后选定目标区域的起始单元格,选择"开始"选项卡下的"粘贴"按钮,在下拉菜单中选择"选择性粘贴",在弹出对话框中选中"转置"复选框。或者选定目标区域的起始单元格右击,在弹出的快捷菜单中选择"选择性粘贴"。

【**练习 4-3**】 自动填充。

选择名为"练习"的工作表,利用自动填充功能,输入以下几组数据。

（1）15％、15％、15％、15％、15％、15％、15％。

（2）1、3、5、7、9、11、13、15、17。

（3）1、3、9、27、81、243、729。

（4）星期四、星期五、星期六、星期日、星期一、星期二。

（5）第一学年、第二学年、第三学年、第四学年。

提示：

① 第 1 组为相同数据填充。只需在第 1 个单元格输入 15％,拖动填充柄即可。

② 第 2 组、第 3 组为等差数列和等比数列,可以单击"开始"选项卡"编辑"组中的"填充"命令,在下拉菜单中选择"系列",弹出"序列"对话框,进行设置。

③ 第 4 组数据为系统已定义的序列。可以在"文件"选项卡中单击"选项"命令弹出"Excel 选项"对话框,选择"高级"选项卡中的"常规"一栏,单击"编辑自定义列表"按钮,弹出"自定义序列"对话框的"自定义序列"列表找到。因此,输入"星期四"后,直接拖动填充柄即可完成。

④ 第 5 组为自定义序列。首先需要将这组数据全部输入,然后选中这个区域。打开"自定义序列"对话框,单击"导入"按钮,序列添加到左侧的"自定义序列"列表。

⑤ 使用自定义序列。在单元格中输入自定义序列的任意一列,行或列方向拖动填充柄,即可进行自定义序列的自动填充。

【**练习 4-4**】 设置有效性规则。

在原始数据工作表,选定 F3:F15 单元格区域,设置数据有效性为数值型数据,介于 88～148,数据输入的出错警告信息设置为标题"非法数据",错误信息"请输入 88～148 的数。"将 F3 的数据改为 150,观察系统对该数据的处理。

提示：

① 单击"数据"选项卡中的"数据有效性"按钮,弹出"数据有效性"对话框。设置有效性和出错警告。

② 在设置数据有效性的单元格输入非法数据,则系统弹出"出错警告信息"对话框,单击"取消"按钮放弃非法数据输入。

【实验3】 工作表的格式化

实验目的

(1) 掌握单元格的格式化操作。

(2) 掌握工作表的条件格式化操作。

实验内容

打开 4.2 节建立的"实验 1.xlsx 工作簿"文件,完成以下练习。

【练习 4-5】 单元格格式的设置。

将"原始数据"工作表 A1:J15 区域的内容复制到"房产销售情况"工作表。

(1) 选定"房产销售情况"工作表,将 C3:C15 分别设置成如下格式的日期数据,观察单元格以及编辑框中的日期格式变化。

23-3-4,1988/5/4,5 月 8 日,98/12/13,1919/10,二〇〇一年三月十四日,14-May-01,March-02。

(2) 选中 A1:J1 单元格区域,将该区域合并居中,设置字体为"隶书、20 号字";第 1 行行高为 25,其余行为最合适行高。

(3) 选中 A2:J2 单元格,将其设置为水平居中、垂直居中。

提示:"开始"选项卡的"对齐方式"组和"字体"组可以设置合并居中,字体字号等。

"开始"选项卡的"单元格"组中的"格式"下拉菜单,可以设置行高、列宽等。也可以选择要设置的行或列,右击,选择"行高"或"列宽"。

(4) 将单价前面加货币符号¥,设置保留 2 位小数。

提示:设置完成后,该列的原始数据不变,数据前面增加了一个¥符号,后面添加了 2 位小数。

(5) 设置表格边框。A2:J16 外框设置为粗线,内框设置为细线;A2:J2 外框设置为粗线;第 2 行填充水绿色背景;A16:J16 区域填充橙色背景。

提示:"开始"选项卡的"字体"组中可以设置边框、底纹。

【练习 4-6】 条件格式的设置。

在 F3:F15 区域内,将用绿-黄色阶表示,将房产的面积用不同颜色底纹填充。

提示:单击"开始"选项卡"样式"组中的"条件格式"按钮,在下拉菜单中选择"色阶"即可。

【实验 4】 公式和函数的使用

实验目的

(1) 掌握工作表中常用函数的使用。
(2) 掌握工作表中公式的使用。

实验内容

打开 4.3 节中建立的"实验 1.xlsx"工作簿文件。在"房产销售情况"工作表完成以下操作。

【练习 4-7】 公式和函数的使用。

(1) 在 H3 单元格中输入公式,计算当前房子的契税。房产面积小于 $90\mathrm{m}^2$,契税为 1%;房产面积大于或等于 $90\mathrm{m}^2$ 小于或等于 $140\mathrm{m}^2$,契税为 1.5%;房产面积在 $140\mathrm{m}^2$ 以上,契税为 3%。

(2) 在 I3 单元格中输入公式,计算出当前房子的契税总额。

$$契税总额＝单价 * 面积 * 契税$$

(3) 在 J3 单元格中输入公式,计算出应交总额。

$$应交总额＝单价 * 面积 * (1＋契税)$$

(4) 在 J16 单元格计算应交总额的总和。

提示:

① 公式的输入都是以"＝"开始的,要注意公式中对于单元格的引用应根据要求使用绝对引用、相对引用或者混合引用。

② 作为公式一部分的函数的输入,可以直接使用键盘输入;也可以在应该输入函数时选择"开始"选项卡,在"编辑"组中的"自动求和"下拉菜单选择常用函数,也可以选择其他函数;打开"插入函数"对话框进行函数的选择。如果函数有参数,在"函数参数"对话框中输入或者选择参数区域。

③ 计算契税,需要使用嵌套的 if 函数;计算应交总额的总和,需要使用 sum 函数。

【练习 4-8】 公式的复制与移动(最终结果见图 4-2)。

(1) 利用 H3 的公式,将 H3～H15 区域的数据补充完整,计算每套房子的契税。

(2) 利用 I3 的公式,将 I3～I15 区域的数据补充完整,计算每套房子的契税总额。

(3) 利用 J3 的公式,将 J3～J15 区域的数据补充完整,计算每套房子的应交总额。

(4) 将 I3:J15 的数据前添加货币符号¥,保留 2 位小数。

提示:复制公式有两种方法。

① 选定 H3 单元格,复制 H3 单元格;选定 H4:H15 区域,粘贴,即可将 H3 单元格的公式复制到 H4:H15 中的每个单元格中。

図 4-2 "房产销售情况"工作表最终结果

② 选定 H3 单元格,向下拖动填充柄到 H15 单元格,松开鼠标,即可完成公式的复制和移动。

【实验5】 图表的操作

实验目的

掌握图表的建立、编辑和格式化。

实验内容

新建工作簿,以"实验 5.xlsx"命名。在 Sheet1 工作表输入数据,如图 4-3 所示。完成以下操作。

图 4-3 公司利润表

注意：年份、收入总额、利润总额 3 列数据直接输入。收入增长和利润增长两例数据需要公式计算,D4＝(B4−B3)/B3；E4＝(C4−C3)/C3；填充柄将 D5：D13、E5：E13 填充完整。以此工作表中的数据为基本数据,完成以下图表的建立、编辑和格式化操作。

【练习 4-9】 建立图表。

选定 B2:C13 区域数据,使用"插入"选项卡的"图表"组,在当前工作表 Sheet1 中创建嵌入式图表。图表类型为三维簇状柱形图,其余选项保持原始设置不变。

提示:

① B2:C13 是连续的数据区域,不连续的数据区域也可以作为图表的数据源。如A2:A13、C2:C13。

② 选择数据源时,无论是连续还是不连续的区域,都要将列标题选中。如 B2:C13 区域中的 B2、C2 单元格就是列标题。

【练习 4-10】 编辑图表。

对以上的嵌入式图表进行如下编辑操作。

(1) 将图表移动并缩放到 A15:F30 区域。

(2) 添加水平轴标签为年份。

(3) 设定图表标题为"总收入利润总额",横坐标轴标题为"年份",纵坐标轴标题为"金额"。

提示:

① 选中该图表,在"图表工具"的"设计"选项卡单击"选择数据"按钮,弹出"选择数据源"对话框进行设置。在这里可以重新选择数据源,对图列项进行添加、编辑和删除操作,还可以对水平轴进行编辑。单击"水平轴标签"的"编辑"按钮,选中 A3:A13 区域,即可添加水平轴标签为"年份"。

② 在"图表工具"的"布局"选项卡"标签"组中,可以添加图表标题、坐标轴标题、图例等。

【练习 4-11】 格式化图表。

对以上的嵌入式图表进行如下格式化操作。

(1) 将标题设置为"隶书,20 磅"。

(2) 将背景墙填充为"纯色填充",颜色为"红色,淡色 80%";图表设置为"圆角"。

(3) 将图例移动到图表区上方。

提示:

① 图表标题、坐标轴标题都可以选中,对文字进行格式化。

② 设置图表某一部分的格式,有两种方法。

a. 单击"图表工具"选项卡下的"格式"选项卡最左侧的下拉列表框,可以选择图表区域。

b. 想要编辑图表的哪一部分,就在图表上双击它,在弹出对应的"格式"对话框进行设置。

创建的图表如图 4-4 所示。

【练习 4-12】 创建其他类型的图表。

选择 D2:E13 区域数据,在当前工作表 Sheet1 中创建嵌入式图表,图表类型为"带数据标记的折线图",标题为"收入和利润增长率",横坐标轴标题为"年份";纵坐标轴标题为"增长率",图例靠右侧,背景墙为"新闻纸"填充,图例为"橙色,淡色 80%"填充。

创建的图表如图 4-5 所示。

图 4-4   总收入利润总额柱形图

图 4-5   收入和利润增长率折线图

【实验 6】   Excel 数据管理

实验目的

(1) 掌握数据清单的排序、筛选、分类汇总等操作。
(2) 了解透视表的基本操作。

实验内容

打开"实验 1. xlsx"工作簿;新建一个名为"实验 6. xlsx 的"工作簿。
将实验 1"房产销售情况"工作表复制到"实验 6. xlsx"的最后。
在"实验 6. xlsx"中新建两个空工作表,令"实验 6. xlsx"工作簿中有 Sheet1、Sheet2、Sheet3、Sheet4、Sheet5 共 5 个空表。
将"房产销售情况"工作表中的数据复制到这 5 个表各一份。

完成以下练习。

【练习 4-13】 数据清单排序。

(1) 选择 Sheet1 工作表，将"记录单"按钮添加在标题栏上的"自定义快速访问工具栏"按钮左侧，单击"记录单"按钮，打开 Sheet1 的"记录单"对话框，练习使用记录单操作数据的方法。

(2) 对 Sheet1 中的数据按销售人员编号的升序进行排序，编号相同使用房屋面积的升序排序。这样可以查看每个销售人员的销售情况。

提示：

① 排序操作最多可以同时设置 3 个排序关键字。

② 如果出现按汉字排序，则按照汉字字符串的拼音顺序排序，拼音字母排在后面的大于前面的。

【练习 4-14】 数据清单的筛选。

(1) 自动筛选。

在 Sheet2 的数据中，筛选出 2014 年 7 月预定的三室两厅。

提示：使用自动筛选可以完成操作。在"预定日期"列筛选下拉菜单选择"2014 年 7 月"，在"户型"下拉菜单选择"三室两厅"。

自动筛选结果如图 4-6 所示。

图 4-6 自动筛选结果

(2) 高级筛选。

在 Sheet3 工作表数据中，筛选出编号为 08001 的销售人员售出的"三室两厅"或者 2014 年 8 月份预定的房子。

提示：

① 高级筛选必须在数据清单之外的区域设置筛选条件，如图 4-7 所示。筛选区域第一行必须为列标题，列出条件涉及的列。同行的条件之间是"逻辑与"的关系，不同行之间是"逻辑或"的关系。

② 筛选条件中的"销售人员"列和"户型"列都是字符型数据，输入时需加西文双引号定界。因此，"销售人员"列输入的数据为＝"08001"，"户型"列输入的数据为＝"三室两厅"。"单价"列为数值型数据，不必输入双引号定界。

销售人员	户型	单价
08001	三室两厅	
		>=9000

图 4-7 高级筛选条件

③ 筛选结果可以在原数据区域内显示，也可以在原数据区域外显示。如果在原数据区域外显示，则需要用户进行选择。

高级筛选结果如图 4-8 所示。

【练习 4-15】 数据清单的分类汇总。

销售人员	客户姓名	预定日期	楼号	户型	面积	单价	契税	契税总额	应交总额
08002	郭云峰	2014-7-8	1-2-1001	两室两厅	108	¥9,358.00	1.50%	¥15,159.96	¥1,025,823.96
08001	王青青	2014-7-24	2-1-1702	三室两厅	128	¥10,235.00	1.50%	¥19,651.20	¥1,329,731.20
08001	白东方	2014-8-1	2-3-401	三室两厅	128	¥8,878.00	1.50%	¥17,045.76	¥1,153,429.76
08003	赵培培	2014-8-25	1-2-1502	两室两厅	128	¥9,935.00	1.50%	¥16,094.70	¥1,089,074.70
08002	刘广帅	2014-8-31	1-3-102	两室两厅	108	¥9,623.00	1.50%	¥15,589.26	¥1,054,873.26
08003	温华	2014-9-2	1-1-702	三室两厅	128	¥10,373.00	1.50%	¥19,916.16	¥1,347,660.16
08001	王新秀	2014-9-10	2-2-201	三室两厅	128	¥9,108.00	1.50%	¥17,487.36	¥1,183,311.36

图 4-8　高级筛选结果

（1）在 Sheet4 的数据,统计每个销售人员售出的房子套数并计算每人销售房子的总面积。只显示汇总结果,不显示详细数据。

提示:

① 题目要求求房子的套数,但是原始数据中没有套数一列,选择能够唯一区别每一套房子的列,即"楼号"列,进行计数。

② 在汇总之前应先按分类字段进行排序,即按"销售人员"进行排序;然后对数据按"销售人员"进行分类,对"楼号"进行计数汇总;在此基础上再对"面积"进行求和汇总。

③ 对同一分类列"销售人员"进行了两次汇总,要使用嵌套汇总。在第一次对计数汇总的基础上,再对"面积"进行求和汇总。注意第二次汇总要将"分类汇总"对话框中的"替换当前分类汇总"的复选框取消选中状态。

分类汇总结果如图 4-9 所示。

图 4-9　分类汇总结果(一)

（2）在 Sheet5 的数据,统计每个销售人员每种户型的房子售出套数。

提示:

① 对不同列进行两次汇总,也要使用嵌套汇总。

② 在汇总之前,应先按"销售人员"为主要关键字,"户型"为次要关键字进行排序。然后,对数据按"销售人员"进行分类,对"楼号"进行计数汇总;对数据按"户型"进行分类,对"楼号"进行计数汇总。

分类汇总结果如图 4-10 所示。

【练习 4-16】　数据透视表的建立。

在 Sheet1 中,以其中的数据为源,在 A18 开始的区域做数据透视表,按照房子的面积,求契税总额,保留 2 位小数。

提示:

① 数据透视表是一种复杂的汇总,汇总字段可以是多个,各汇总字段的汇总方式可

1 2 3 4		A	B	C	D	E	F	G
	1					东方房产12月销售表		
	2	销售人员	客户姓名	预定日期	楼号	户型	面积	单价
+	5				2	两室两厅 计数		
+	9				3	三室两厅 计数		
+	11				1	四室两厅 计数		
-	12	08001 计数			6			
+	16				3	两室两厅 计数		
-	17	08002 计数			3			
+	19				1	两室两厅 计数		
+	23				3	三室两厅 计数		
	24	08003 计数			4			
-	25	总计数			13			
	26							

图 4-10   分类汇总结果(二)

以不同,不需要嵌套就可以一次完成。

② 本题分类字段有两个:面积和契税,两个分类字段分别在行方向和列方向上进行分类。

③ 数据透视表不需要事先按照分类列进行排序。

获得的数据透视表结果如图 4-11 所示。

求和项:契税总额	列标签			
行标签	1.00%	1.50%	3.00%	总计
88	15135.12			15135.12
108		60665.76		60665.76
128		107890.56		107890.56
148			35622.12	35622.12
总计	15135.12	168556.32	35622.12	219313.56

图 4-11   数据透视表结果

【实验 7】 页面设置

实验目的

掌握页面设置的操作。

实验内容

打开"实验 6.xlsx"工作簿,选择其中的"房产销售情况"工作表,对它进行页面设置操作,并进行打印预览。

【练习 4-17】 工作表的页面设置。

单击"页面布局"选项卡"页面设置"组右下角的↘按钮,弹出"页面设置"对话框,在该对话框中完成页面设置。

(1) 在"页面设置"对话框的"页面"选项卡中选择"纸张大小"为 A4,"方向"为"横向"。

(2) 在"页面设置"对话框的"页边距"选项卡中将上下左右边距均改为 3cm,"居中方式"选择"水平"和"垂直"复选框，其余不变。

（3）在"页面设置"对话框的"页眉/页脚"选项卡中，将页脚设置为页码，靠右对齐。

（4）在"页面设置"对话框的"工作表"选项卡中保留初始设置不变，既不打印网格线，也不打印行号、列标。

页面设置的结果如图 4-12 所示。

东方房产12月销售表

销售人员	客户姓名	预定日期	楼号	户型	面积	单价	实税	实税总额	应交总额
08001	徐晓林	2014-5-6	1-3-201	四室两厅	148	￥8,023.00	3.00%	￥35,622.12	￥1,223,026.12
08003	李菲	2014-5-19	2-1-601	三室两厅	128	￥8,621.00	1.50%	￥16,552.32	￥1,120,040.32
08001	彭贤超	2014-6-1	1-1-302	两室两厅	88	￥8,432.00	1.00%	￥7,420.16	￥749,436.16
08002	崔炳琴	2014-7-8	1-2-302	两室两厅	108	￥8,532.00	1.50%	￥13,821.84	￥935,277.84
08002	郭云峰	2014-7-8	1-2-1001	两室两厅	108	￥9,358.00	1.50%	￥15,159.96	￥1,025,823.96
08001	王青青	2014-7-24	2-1-1702	三室两厅	128	￥10,235.00	1.50%	￥19,651.20	￥1,329,731.20
08003	陆莒	2014-7-30	2-3-502	三室两厅	128	￥8,978.00	1.50%	￥17,237.76	￥1,166,421.76
08001	白东方	2014-8-4	2-3-401	三室两厅	128	￥8,878.00	1.50%	￥17,045.76	￥1,153,429.76
08001	黄胜琳	2014-8-17	1-1-201	两室两厅	88	￥8,767.00	1.00%	￥7,714.96	￥779,210.96
08003	赵婷婷	2014-8-25	1-2-1502	两室两厅	108	￥9,935.00	1.50%	￥16,094.70	￥1,089,074.70
08002	刘广帅	2014-8-31	1-3-102	两室两厅	108	￥9,623.00	1.50%	￥15,589.26	￥1,054,873.26
08003	汤华	2014-9-2	1-1-702	三室两厅	128	￥10,373.00	1.50%	￥19,916.16	￥1,347,660.16
08001	王新秀	2014-9-10	2-2-201	三室两厅	128	￥9,108.00	1.50%	￥17,487.36	￥1,183,311.36

图 4-12　页面设置的结果

【实验 8】　MS Office 2010 全国计算机二级考试 Excel 真题
——人口普查统计分析

实验目的

Excel 综合运用。

实验内容

中国的人口发展形势非常严峻，为此国家统计局每 10 年进行一次全国人口普查，以掌握全国人口的增长速度及规模。按照下列要求完成对第五次、第六次人口普查数据的统计分析。

（1）新建一个空白 Excel 文档，将工作表 Sheet1 更名为"第五次普查数据"，将 Sheet2 更名为"第六次普查数据"，将该文件以"全国人口普查数据分析.xlsx"为文件名进行保存。

（2）浏览网页"第五次全国人口普查公报.htm"，将其中的"2000 年第五次全国人口普查主要数据"表格导入到工作表"第五次普查数据"中；浏览网页"第六次全国人口普查公报.htm"，将其中的"2010 年第六次全国人口普查主要数据"表格导入到工作表"第六次普查数据"中（要求均从 A1 单元格开始导入，不得对两个工作表中的数据进行排序）。

（3）对两个工作表中的数据区域套用合适的表格样式，要求至少四周有边框且偶数行有底纹，并将所有人口数列的数字格式设为带千分位分隔符的整数。

（4）将两个工作表的内容合并,合并后的工作表放置在新工作表"比较数据"中（自 A1 单元格开始）,且保持最左列仍为地区名称,A1 单元格中的列标题为"地区",对合并后的工作表适当地调整行高列宽、字体字号、边框底纹等,使其便于阅读。以"地区"为关键字对工作表"比较数据"进行升序排列。

（5）在合并后的工作表"比较数据"中的数据区域最右边依次增加"人口增长数"和"比重变化"两列,计算这两列的值,并设置合适的格式。其中,人口增长数＝2010 年人口数－2000 年人口数;比重变化＝2010 年比重－2000 年比重。

（6）打开工作簿"统计指标.xlsx",将工作表"统计数据"插入到正在编辑的文档"全国人口普查数据分析.xlsx"中工作表"比较数据"的右侧。

（7）在工作簿"全国人口普查数据分析.xlsx"工作表的"比较数据"中的相应单元格内填入统计结果。

（8）基于工作表"比较数据"创建一个数据透视表,将其单独存放在一个名为"透视分析"的工作表中。透视表中要求筛选出 2010 年人口数超过 5000 万的地区及其人口数、2010 年所占比重、人口增长数,并按人口数从多到少排序。最后适当调整透视表中的数字格式。

提示：行标签为"地区",数值项依次为 2010 年人口数、2010 年比重、人口增长数。

【练习 4-18】 人口普查统计分析。

（1）步骤 1：打开"人口普查数据分析"文件夹,在空白处右击新建一个空白 Excel 文档,并将该文档命名为"全国人口普查数据分析.xlsx"。

注意：必须在考试文件夹下建立,不能在桌面建立。

步骤 2：打开"全国人口普查数据分析.xlsx",双击工作表 Sheet1 的表名,在编辑状态下输入"第五次普查数据";双击工作表 Sheet2 的表名,在编辑状态下输入"第六次普查数据"。

注意：双击 Sheet1 后,其背景色会变为黑色,此时处于编辑状态,然后才能输入"第五次普查数据"。

（2）步骤 1：在考生文件夹下,双击打开网页"第五次全国人口普查公报.htm",如图 4-13 所示,并复制网址。

图 4-13　打开网页文件

注意："第五次全国人口普查公报.htm"是一个网页，需要用浏览器打开，此处以360浏览器为例。

步骤2：在工作表"第五次普查数据"中选中A1，如图4-14所示，单击"数据"选项卡"获取外部数据"组中的"自网站"按钮，弹出"新建Web查询"对话框。

图4-14 获取外部数据

步骤3：在"地址"文本框中粘贴复制好的"第五次全国人口普查公报.htm"的地址。单击右侧的"转到"按钮，如图4-15所示。

图4-15 选择导入数据

步骤4：单击要选择的表旁边的带方框的黑色箭头，使黑色箭头变成对号，然后单击"导入"按钮。之后会弹出"导入数据"对话框，选择"数据的放置位置"为"现有工作表"，文本框中将显示"＝＄A＄1"，单击"确定"按钮，如图4-16所示。

步骤5：按照上述方法浏览网页"第六次全国人口普查公报.htm"，将其中的"2010年第六次全国人口普查主要数据"表格导入到工作表"第六次普查数据"中。

（3）对两个工作表中的数据区域套用合适的表格样式，要求至少四周有边框且偶数行有底纹，并将所有人口数列的数字格式设为带千分位分隔符的整数。

图 4-16 导入数据

步骤 1：在工作表"第五次普查数据"中选中数据区域，在"开始"选项卡的"样式"组中单击"套用表格格式"按钮，弹出下拉菜单，按照题目要求至少四周有边框且偶数行有底纹，此处可选择"表样式浅色 16"，如图 4-17 所示。

图 4-17 套用表格格式

步骤 2：选中 B 列，单击"开始"选项卡"数字"组中右下角的↘按钮，弹出"设置单元格格式"对话框，在"数字"选项卡的"分类"下拉列表框选择"数值"，在"小数位数"微调框中输入 0，选中"使用千位分隔符"复选框，然后单击"确定"按钮。

步骤 3：按照上述方法对工作表"第六次普查数据"套用合适的表格样式，要求至少四周有边框且偶数行有底纹，此处可以套用"表样式浅色 17"，并将所有人口数列（B 列）的数字格式设为带千分位分隔符的整数。

(4) 步骤 1：双击工作表 Sheet3 的表名，在编辑状态下输入"比较数据"。

步骤 2：在该工作表的 A1 中输入"地区"。

步骤 3：输入后重新选中 A1 单元格，单击"数据"选项卡"数据工具"组中的"合并计算"按钮，弹出"合并计算"对话框，设置"函数"为"求和"，在"引用位置"文本框中输入第一个区域"第五次普查数据！＄A＄1:＄C＄34"，单击"添加"按钮，输入第二个区域"第六次普查数据!＄A＄1:＄C＄34"，单击"添加"按钮，在"标签位置"栏中选中"首行"复选框和"最左列"复选框，然后单击"确定"按钮，如图 4-18 所示。

图 4-18　合并计算

步骤 4：对合并后的工作表适当地调整行高列宽、字体字号、边框底纹等。此处，单击"开始"选项卡"单元格"组中的"格式"按钮，从弹出的下拉菜单中选择"自动调整行高"，单击"格式"按钮，从弹出的下拉菜单中选择"自动调整列宽"。

步骤 5：在"开始"选项卡"字体"组中单击"字体"按钮，弹出"设置单元格格式"对话框，选择"字体"为"黑体"，选择"字号"为 11，单击"确定"按钮。

步骤 6：选中数据区域，在"开始"选项卡"字体"组中单击"边框"按钮，选择"所有框线"。

步骤 7：选中数据区域，在"开始"选项卡的"样式"组中单击"套用表格格式"按钮，弹出下拉菜单，此处可选择"表样式浅色 18"。

步骤 8：选中数据区域的任一单元格，单击"数据"选项卡"排序和筛选"组中的"排序"按钮，如图 4-19 所示，弹出"排序"对话框，选择"主关键字"为"地区"，选择"次序"为"升序"，单击"确定"按钮。

图 4-19　排序

(5) 步骤 1：在合并后的工作表"比较数据"中的数据区域最右边依次增加"人口增长数"和"比重变化"两列。

步骤 2：在工作表"比较数据"中的 F2 单元格中输入"＝B2－D2"后按 Enter 键，同时自动填充 F3～F34 单元格。在 G2 单元格中输入"＝C2－E2"后按 Enter 键，同时自动填充 G3～G34 单元格。

步骤 3：选中 F1～G34 单元格，将边框设置为"所有框线"。

步骤 4：为 G 列设置合适的格式，如保留 4 位小数，选中 G 列，单击"开始"选项卡"数字"组中右下角的↘按钮，弹出"设置单元格格式"对话框，在"数字"选项卡的"分类"下拉列表框选择"百分比"，在"小数位数"微调框中输入 4，然后单击"确定"按钮。

(6) 步骤 1：打开考生文件夹下的工作簿"统计指标.xlsx"，在"统计数据"处右击，在弹出的快捷菜单中选择"移动或复制工作表"命令。

步骤 2：在打开的"移动或复制工作表"对话框的"将选中工作表移至工作簿"下拉列表框中选择"全国人口普查数据分析（version1）.xlsb"，在"下列选定工作表之前"选择"（移至最后）"，单击"确定"按钮，如图 4-20 所示。

图 4-20　移动工作表

(7) 步骤 1：在"统计数据"工作表 C3 单元格中选择"公式"中的"自动求和"公式，并选择"第五次普查数据"中的 B2～B34 单元格，按 Enter 键，计算结果为 2000 年的人口总数。

步骤 2：在"统计数据"工作表 D3 单元格中选择"公式"中的"自动求和"公式，并选择"第六次普查数据"中的 B2～B34 单元格，按 Enter 键，计算结果为 2010 年的人口总数，如图 4-21 所示。

步骤 3：在"统计数据"工作表 D4 单元格中输入"＝D3－C3"，按 Enter 键，计算结果为总增长人数。

步骤 4：根据"统计数据"工作表中的数据，直接找出人口最多、最少地区，人口增长最多、最少地区，人口负增长地区的数目，填写到"统计数据"对应单元格中，如图 4-22 所示。

(8) 步骤 1：在"比较数据"工作表中选中 A1:G34 区域，单击"插入"选项卡"表"组中的"数据透视表"按钮，从弹出的下拉菜单中选择"数据透视表"，弹出"创建数据透视表"对

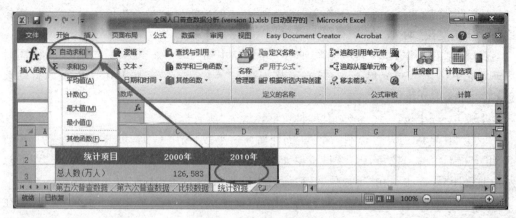

图 4-21　自动求和

话框,选中"选择放置数据透视表的位置"栏中"新工作表"单选按钮,单击"确定"按钮,如图 4-23 所示。

统计项目	2000年	2010年
总人数(万人)	126,583	133,973
总增长数(万人)	–	7,390
人口最多的地区	河南省	广东省
人口最少的地区	西藏自治区	西藏自治区
人口增长最多的地区		广东省
人口增长最少的地区	–	湖北省
人口为负增长的地区数	–	6

图 4-22　统计数据

图 4-23　创建数据透视表

步骤 2:在"数据透视字段列表"任务窗格中拖动"地区"到行标签,依次选择"2010 年人口数(万人)"复选框、"2010 年比重"复选框、"人口增长数"复选框,自动设置为"列标签"。数值列中会自动计算"2010 年人口数(万人)""2010 年比重""人口增长数"的和,如图 4-24 所示。

步骤 3:单击行标签右侧的"标签筛选"按钮,在弹出的下拉列表中选择"值筛选",打开级联菜单,选择"大于",弹出"值筛选(地区)"对话框,在第一个文本框中选择"求和项:2010 年人口数(万人)",第二个文本框选择"大于",在第三个文本框中输入 5000,单击"确定"按钮。

步骤 4:选中 B4 单元格,单击"数据透视表工具"→"选项"选项卡"排序和筛选"组中的"降序"按钮即可按人口数从多到少排序。

步骤 5:适当调整 B 列,使其格式为整数且使用千位分隔符。适当调整 C 列,使其格式为百分比且保留 2 位小数,如图 4-25 所示。

步骤 6:重命名为"透视分析",保存文档。

行标签	求和项:2000年人口数（万人）	求和项:2000年比重	求和项:人口增长数
安徽省	5986	0.0473	-36
北京市	1382	0.0109	579
福建省	3471	0.0274	218
甘肃省		0.0202	-4
广东省		0.0683	1788
广西壮族自治区		0.0355	114
贵州省		0.0278	-50
海南省		0.0062	80
河北省		0.0533	441
河南省		0.0731	146
黑龙江省		0.0291	142
湖北省		0.0476	-304
湖南省		0.0509	128
吉林省		0.0216	18
江苏省		0.0588	428
江西省		0.0327	317
辽宁省		0.0335	137
难以确定常住地		0.0008	360
内蒙古自治区		0.0188	95
宁夏回族自治区		0.0044	68

图 4-24 数据透视表

行标签	求和项:2000年人口数（万人）	求和项:2000年比重	求和项:人口增长数
河南省	9,256	7.31%	146
山东省	9,079	7.17%	500
广东省	8,642	6.83%	1788
四川省	8,329	6.58%	-287
江苏省	7,438	5.88%	428
河北省	6,744	5.33%	441
湖南省	6,440	5.09%	128
湖北省	6,028	4.76%	-304
安徽省	5,986	4.73%	-36
总计	67942	0.5368	2804

图 4-25 排序和筛选结果

第5章 演示文稿软件 PowerPoint 2010 实验

【实验1】 创建制作演示文稿

实验目的

（1）理解 PowerPoint 2010 的功能，熟练掌握使用 PowerPoint 2010 制作演示文稿的基本操作。

（2）理解主题、颜色、背景、母版的作用，熟练使用其美化幻灯片。

（3）熟练掌握在幻灯片中插入图片、声音、艺术字、图表、组织结构图等其他对象的方法。

实验内容

创建制作一个介绍山东风景名胜的演示文稿，包括6张幻灯片，需要准备山东名胜的图片若干。整体效果如图 5-1 所示。

【练习 5-1】 演示文稿的创建和保存。

（1）创建一个空白的演示文稿，第1张幻灯片采用"标题幻灯片"版式；单击"单击此处添加标题"占位符输入文本"山东风景名胜"；单击"单击此处添加副标题"占位符输入文本"感受齐鲁大地的文化之旅"。

（2）在"开始"选择卡的"幻灯片"组中，单击"新建幻灯片"按钮，或者按 Ctrl＋M 快捷键，则会在演示文档的末尾插入默认版式的幻灯片，版式默认为"标题和内容"。在"单击此处添加标题"占位符中输入"齐鲁名胜"，在"单击此处添加文本"占位符中输入以下4行内容："东岳泰山""济南趵突泉""临沂蒙山""青岛风景"。

（3）新建第3张幻灯片，在"开始"选择卡的"幻灯片"组中，单击"版式"按钮，将版式改为"两栏内容"。在"单击此处添加标题"占位符中输入"东岳泰山"，在左侧"单击此处添加文本"占位符中输入以下两段内容："世界文化遗产和世界自然遗产，世界地质公园，中国 AAAAA 级旅游景区""主峰玉皇顶海拔 1545m，气势雄伟磅礴，有'五岳之首''天下第一山'之称"。

（4）新建第4张幻灯片，采用"两栏内容"版式，在"单击此处添加标题"占位符中输入"济南趵突泉"，在左侧"单击此处添加文本"占位符中输入"趵突泉位居济南'七十二名泉'之首。被誉为'天下第一泉'，中国 AAAAA 级旅游景区"。

（5）新建第5张幻灯片，采用"标题和内容"版式，在"单击此处添加标题"占位符中输

图 5-1 "山东风景名胜"演示文稿

入"临沂七蒙山",在"单击此处添加文本"占位符中输入"蒙山,古称东蒙、东山,为泰沂山脉系的一个分支。主峰海拔 1155m,为山东省第二高峰。俗称'亚岱',是沂蒙山旅游区核心景区"。

(6)新建第 6 张幻灯片,采用"标题和内容"版式,在"单击此处添加标题"占位符中输入"青岛风景",在"单击此处添加文本"占位符中输入"青岛是国家历史文化名城、重点历史风貌保护城市、首批中国优秀旅游城市。国家级风景名胜区有崂山风景名胜区、青岛海滨风景区等"。

(7)单击"快速访问工具栏"的"保存"按钮,或者单击"文件"菜单里的"保存"命令,打开"另存为"对话框,文件名设为"山东风景名胜",单击"保存"按钮。

【**练习 5-2**】 应用主题和母版美化幻灯片。

(1) 打开"山东风景名胜"演示文稿,选择"设计"选项卡"主题"右下方按钮,在主题列表框中选择"流畅"。

(2) 单击"设计"选项卡里的"主题"组里的"颜色",在"颜色"列表框中选择"奥斯汀"。

(3) 单击"视图"选项卡"母版视图"组中的"幻灯片母版"按钮,打开"幻灯片母版视图"。在"幻灯片母版"中单击"单击此处编辑母版标题样式",单击"开始"选项卡,将字体改为"隶书"。同样单击"单击此处编辑母版文本样式",将字体改为"隶书"。单击"幻灯片母版"回到"幻灯片母版视图",单击"关闭母版视图"按钮,关闭"母版视图"。

(4) 选择"插入"选项卡中的"页眉和页脚"按钮,打开"页眉和页脚"对话框,选中"日期和时间"复选框、"自动更新"单选按钮、"幻灯片编号"复选框、"页脚"复选框、"标题幻灯片中不显示"复选框,在"页脚"文本框输入"山东欢迎您",单击"全部应用"按钮。

【**练习 5-3**】 插入图片、艺术字、音乐等对象。

(1) 选择第 3 张幻灯片,单击右侧"单击此处添加文本"占位符中间的快速按钮区中的"插入来自文件的图片"按钮(或者单击"插入"选项卡"插图"组中的"图片"按钮),打开"插入图片"对话框,找到计算机上的对应的"泰山.jpg",单击"插入"按钮。

(2) 以同样的方式插入第 4 张~第 6 张幻灯片所需要的图片,第 4 张幻灯片需要的图片是"济南趵突泉.jpg",第 5 张幻灯片需要的图片是"临沂蒙山.jpg",第 6 张幻灯片需要的图片是"青岛崂山.jpg"和"青岛海滨.jpg",并适当调整位置。

(3) 选择第 3 张幻灯片,单击"插入"选项卡"文本"组中的"艺术字"按钮,在"艺术字"选项图中选择第 1 项"填充-浅绿,文本 2,轮廓-背景 2",在"艺术字"占位符中输入"五岳独尊",将占位符移到内容占位符的文本的下方。

(4) 选中该"艺术字"占位符,在"绘图工具格式"选项卡里的"绘图"组中,单击"形状效果"按钮,选择"三维旋转"→"平行"中的"离轴 1 右"。

(5) 选定第 1 张幻灯片,单击"插入"选项卡"媒体"组中的"音频"按钮,打开"插入音频"对话框,选择"风景.mp3",单击"插入"按钮。并将出现的喇叭图标调至幻灯片的右下方。

(6) 选中喇叭图标,在"音频工具播放"选项卡中的"音频选项"组中,在"开始"下拉列表框中选择"跨幻灯片播放",选中"放映时隐藏"复选框、"循环播放,直到停止"复选框。

(7) 保存演示文稿,最后在浏览视图中查看操作结果。

(8) 单击"幻灯片放映"中的"从头开始"按钮,或者按 F5 键,可以查看演示文稿的放映效果。

【实验 2】 设置 PowerPoint 2010 幻灯片的动态效果和放映方式

实验目的

(1) 熟练掌握 PowerPoint 2010 中设置幻灯片的动态效果的方法。

(2) 熟练掌握 PowerPoint 2010 中设置超链接和动作按钮的方法。

（3）掌握使用 PowerPoint 2010 设置多种放映方式。

实验内容

【练习 5-4】 设置幻灯片的切换。

（1）打开"山东风景名胜"演示文稿，将第 1 张幻灯片设置为当前幻灯片，打开"切换"选项卡，在"切换到此幻灯片"组中选择"分割"。

（2）以同样的方式，依次选择第 2～第 6 张幻灯片的切换方式为"推进""揭开""百叶窗""立方体""传送带"。

【练习 5-5】 设置幻灯片上对象的动画效果。

（1）打开"山东风景名胜"演示文稿，将第 1 张幻灯片设置为当前幻灯片，单击"动画"选项卡，查看"动画"组中的可选动画。

（2）选定标题"山东风景名胜"，单击"高级动画"组中的"添加动画"，选择"进入"→"翻转式由远及近"，在"计时"组中，将"持续时间"改为 2s。

（3）仍然选定标题"山东风景名胜"，单击"高级动画"组中的"添加动画"，选择"强调"→"加深"。

（4）选择副标题"感受齐鲁大地的文化之旅"，单击"高级动画"组中的"添加动画"，单击下方的"更多进入效果"，选择"华丽"→"挥鞭式"。

（5）依次为其他幻灯片上的各个对象添加自己喜欢的动画效果。

（6）选择第 3 张幻灯片，选定艺术字"五岳独尊"，选择"强调"→"放大/缩小"，"尺寸"为 200%（需自定义）。

【练习 5-6】 设置超链接和按钮。

（1）将第 2 张幻灯片设置为当前幻灯片，选中文字"东岳泰山"，单击"插入"选项卡"链接"组中的"超链接"按钮，打开"插入超链接"对话框，单击"本文档中的位置"按钮，在"请选择文档中的位置"列表框中选择第 3 张幻灯片"东岳泰山"，并单击"屏幕提示"，输入提示信息"五岳之首——泰山"，并单击"确定"按钮关闭对话框，如图 5-2 所示。

图 5-2 "插入超链接"对话框

（2）选中文字"济南趵突泉"，单击"插入"选项卡"链接"组中的"动作"按钮，打开"动作设置"对话框，在"单击鼠标"选项卡"单击鼠标时的动作"栏中选中"超链接到"单选按钮，在下拉列表框中选择"幻灯片…"，在弹出的"超链接到幻灯片"对话框中，选择"济南趵突泉"，单击"确定"按钮关闭对话框，如图5-3所示。

图5-3 "动作设置"对话框

（3）选定第3张幻灯片，在"插入"选项卡的"插图"组中，单击"形状"按钮，在展开的列表框中单击"一个动作" 按钮。

（4）在幻灯片右下角，按住鼠标左键拖曳画出所选的动作按钮，释放鼠标，这时"动作设置"对话框自动打开，在"超链接到"列表框会显示默认的对应动作，更改成人们需要的动作，操作方法同上，将链接定义到"齐鲁名胜"幻灯片。

（5）将该动作按钮复制到第4张～第6张幻灯片。

【练习5-7】 对演示文稿进行排列计时。

（1）打开演示文稿，在"幻灯片放映"选项卡的"设置"组中，单击"排练计时"按钮，演示文稿自动从第1张幻灯片开始放映，同时在屏幕左上角显示系统录制排练时间的信息，如图5-4所示。

图5-4 系统录制排练时间的信息

（2）此时，可以进行模拟演讲或估算演讲时间，完成后，单击"下一项" 按钮，或者使用其他控制切换到下一张，此时PowerPoint就自动将第1张幻灯片的放映时间记录下来，并开始记录第2张幻灯片的放映时间。

（3）重复步骤（2），直到放映结束。在这期间可以单击"暂停" 按钮，暂时停止排练计时；也可以单击"重复" 按钮，重新排练当前幻灯片。如果当前幻灯片之后的幻灯片的换片时间不需要改变，那么可以按Esc键结束放映，这样就会只记录前半部分的幻灯片排练时间。

（4）放映结束时会弹出图5-5，单击"是"按钮，PowerPoint将录制的各张幻灯片的排练时间设置为自动换片的时间；单击"否"按钮，则不保留刚才录制的排练时间。

图 5-5　"是否保留新的幻灯片排练时间"对话框

【练习 5-8】　为演示文稿创建一个自定义放映。

现在准备创建一个只介绍山东名山的"自定义放映"，步骤如下。

（1）打开演示文稿，在"幻灯片放映"选项卡的"开始放映幻灯片"组中，单击"自定义幻灯片放映"按钮，在展开的菜单中单击"自定义放映…"命令，打开"自定义放映"对话框，因为目前没有定义任何自定义放映，所以"自定义放映"列表框内是空的。

（2）单击"新建"按钮，打开"定义自定义放映"对话框。

（3）在"幻灯片放映名称"文本框中为演示文稿的第一个自定义放映定义一个名字，输入"山东名山"。

（4）从"在演示文稿中的幻灯片"列表框中选择需要添加的幻灯片，然后单击"添加"按钮，可以将选中的幻灯片添加到"在自定义放映中的幻灯片"列表框中，选择幻灯片时，可以按 Shift 键或者 Ctrl 键配合选择幻灯片，再单击"添加"按钮，如图 5-6 所示。

图 5-6　定义自定义放映

（5）幻灯片在"在自定义放映中的幻灯片"列表框中的顺序决定了它的放映顺序，可以通过"上移"或"下移"按钮进行调整。

（6）完成后单击"确定"按钮，返回"自定义放映"对话框，可以看到该自定义放映已经出现在列表框中了。

【练习 5-9】　设置演示文稿的放映方式。

（1）在"幻灯片放映"选项卡的"设置"组中，单击"设置幻灯片放映"按钮，打开"设置放映方式"对话框。

（2）选中"放映类型"栏中的"观众自行浏览（窗口）"单选按钮和换片方式栏中的"手动"单选按钮，这样尽管设置了幻灯片的切换时间，还是需要演讲者自行控制幻灯片的切换，如图 5-7 所示。

图 5-7 "设置放映方式"对话框

(3) 查看幻灯片放映效果。

【实验 3】 MS Office 2010 全国计算机二级考试 PowerPoint 2010 真题

实验目的

掌握 PowerPoint 2010 的综合应用。

实验内容

【练习 5-10】 某公司人力资源部职员小张需要制作一份供新员工培训时使用的 PowerPoint 演示文稿。按照下列要求,并参考"完成效果.docx"文件中样例的效果,完成演示文稿的制作。

(1) 在素材所在文件夹下,将"PPT_素材.pptx"文件另存为 PPT.pptx。

(2) 为演示文稿应用文件夹下的主题"员工培训主题.thmx",然后再应用"暗香扑面"的主题字体。

(3) 在幻灯片 2 中插入文件夹下的图片"欢迎图片.jpg",并应用"棱台形椭圆,黑色"的图片样式,参考"完成效果.docx"文件中样例效果将图片和文本置于合适的位置。

(4) 将幻灯片 3 中的项目符号列表转换为 SmartArt 图形,布局为"降序基本块列表",为每个形状添加超链接,链接到相应的幻灯片 4~9、11。

(5) 在幻灯片 5 中,参考样例效果,将项目符号列表转换为 SmartArt 图形,布局为"组织结构图",将文本"监事会"和"总经理"的级别调整为"助理";在采购部下方添加"北区"和"南区"两个形状,分支布局为"标准";为 SmartArt 图形添加"淡出"的进入动画效果,效果选项为"一次级别"。

（6）在幻灯片9中，使用考生文件夹下的"学习曲线.xlsx"文档中的数据，参考样例效果创建图表，不显示图表标题和图例，垂直轴的主要刻度单位为1，不显示垂直轴；在图表数据系列的右上方插入五角星形状，并应用"强烈效果-橙色，强调颜色3"的形状样式。

注意：正五角星形状为图表的一部分，无法拖曳到图表区以外。

（7）在幻灯片9中，为图表添加"擦除"的进入动画效果，方向为"自左侧"，序列为"按系列"，并删除图表背景部分的动画。

（8）在幻灯片10中，参考样例效果，适当调整各形状的位置与大小，将"了解""开始熟悉"和"达到精通"3个文本框的形状更改为"对角圆角矩形"，但不要改变这些形状原先的样式与效果；为3个对角圆角矩形添加"淡出"的进入动画，持续时间都为0.5s，"了解"形状首先自动出现，"开始熟悉"和"达到精通"两个形状在前一个形状动画完成之后，依次自动出现。为弧形箭头形状添加"擦除"的进入动画效果，方向为"自底部"，持续时间为1.5s，要求和"了解"形状的动画同时开始，和"达到精通"形状的动画同时结束。

（9）将幻灯片11的版式修改为"图片与标题"，在右侧的图片占位符中插入图片"员工照片.jpg"，并应用一种恰当的图片样式；为幻灯片左侧下方的文本占位符和右侧的图片添加"淡出"的进入动画效果，要求两部分动画同时出现并同时结束。

（10）在幻灯片13中，将文本设置为在文本框内水平和垂直都居中对齐，将文本框设置为在幻灯片中水平和垂直都居中；为文本添加一种适当的艺术效果，设置"陀螺旋"的强调动画效果，并重复到下一次单击为止。

（11）为演示文稿添加幻灯片编号，且标题幻灯片中不显示；为除了首张幻灯片之外的其他幻灯片设置一种恰当的切换效果。

（12）插入图片"公司logo.jpg"于所有图片的右下角，并适当调整其大小。

第 6 章　多媒体技术实验

【实验 1】　图片管理软件 ACDSee

实验目的

（1）熟悉 ACDSee 的工作界面及基本功能。

（2）熟悉使用 ACDSee 进行图片管理的基本方法。

（3）利用 ACDSee 导入一组图片进行浏览，并对图片进行编辑，包括颜色处理、添加文本、裁剪 3 种编辑操作。

实验内容

【练习 6-1】　打开并浏览图片。

（1）启动 ACDSee，使用主窗口中的"文件"菜单中的"打开"命令，打开"打开文件"对话框，在对话框中选择实验素材中要打开的文件，单击对话框中的"打开"按钮即可浏览。

（2）浏览图片。用户按键盘上的"＋"和"－"可以放大和缩小图片，按 PgUp 和 PgDn 键可以浏览上一张和下一张图片，按 Esc 和 Enter 键或单击工具栏上的"浏览器"按钮，就会返回主窗口。

【练习 6-2】　编辑图片。

（1）编辑图片颜色。选定图片"沙漠.jpg"，单击工具栏上的"图像编辑"按钮，进入图片的编辑状态，在编辑面板中选择"颜色"工具，调整色调、饱和度、亮度后单击"应用"按钮将编辑方案应用于图片中。

（2）在图片中添加文本。在编辑窗口中打开"沙漠.jpg"，选择"添加"→"本文"，在文本编辑窗口中输入并编辑文本。单击"应用"按钮将文本应用于图片中。

（3）裁剪图片。在编辑窗口中打开"沙漠.jpg"，选择"几何形状"→"裁剪"，在图片中选择要保留的区域，单击"应用"按钮保存保留的图片。

【练习 6-3】　创建 Windows 屏幕保护程序。

（1）选择"创建"→"幻灯放映文件"，打开"创建幻灯放映向导"对话框，选择"创建新的幻灯放映"→"Windows 屏幕保护程序（.scr 文件格式）"后单击"下一步"按钮。

（2）单击"添加"按钮，选择制作屏幕保护程序的一张或多张图片添加后，单击"确定"按钮，设置文件特有选项中，可以设置每个在幻灯片中的图像的转场效果、标题或音频剪辑。

（3）单击"下一步"按钮设置幻灯放映选项，如背景颜色、背景音频等。

（4）单击"下一步"按钮设置文件选项，如文件名与位置等。

中篇　学习指导与习题

第 7 章 计算机基础知识学习指导与习题

7.1 学习提要

7.1.1 学习目标与要求

(1) 了解计算机的发展历史、现代计算机的分类及其主要应用领域。

(2) 熟悉计算机基本硬件组成及简单工作原理。

(3) 熟悉计算机软件组成,区分程序的编译和解释执行过程。

(4) 熟悉计算机中几种常用进位计数制的特点;掌握常用计数制之间的转换;了解原码、反码和补码的概念,掌握利用补码进行加减法运算方法;熟悉 ASCII 码和汉字编码;了解计算机中表示图像的两种方法的优劣。

(5) 了解微型计算机的硬件结构,熟悉微型计算机系统主板的组成结构;熟悉微型计算机上常见的接口类型及其特点;熟悉微型计算机的常用外部设备。

(6) 掌握计算机常用术语,理解信息科学技术长期发展趋势。

7.1.2 主要知识点

1. 计算机概述

(1) 计算机发展历史。

计算机的发展史可以分为以机械齿轮或继电器技术的计算机发展史和以采用先进的电子技术代替机械齿轮或继电器技术的现代计算机发展史。数字电子计算机的诞生及未来的发展趋势。按电子元器件计算机系统的分代。

(2) 计算机的分类、特点与应用领域。

2. 计算机系统组成

(1) 计算机系统的硬件系统组成及其工作原理。

(2) 计算机系统的软件系统组成及其功能。

(3) 程序的汇编、编译和解释执行过程。

3. 计算机信息处理基础

(1) 进位计数制及不同数制之间的转换。

(2) 计算机中数的表示。

(3) 信息的几种编码。

4. 微型计算机的硬件组成

（1）微型计算机的主机。

系统主板、CPU、内存储器。

（2）微型计算机的外部设备。

输入设备、输出设备、输入输出接口——键盘、鼠标接口、串行接口、并行接口、USB 接口、网络接口。

（3）微型计算机的外存储器。

软磁盘、硬磁盘、光盘、移动存储器——移动硬盘、U 盘。

5. 计算机常用术语

位、字节、存储单位、内存地址、字与字长、运算速度、主频、容量、传输速率、存取周期。

6. 信息科学技术的长期发展趋势

计算思维、人机物组成的三元社会模式、云计算、网络大数据。

7.2 习题

7.2.1 简答题

1. 计算机的分类及其应用。
2. 画出计算机的工作原理图并加以说明。
3. 软件的概念及其分类。
4. 计算机性能指标中字长的含义。
5. 二进制数及其特点。
6. 汉字信息处理过程中汉字编码之间的转换。
7. 计算机中表示图像的位图方法和矢量方法的优劣。
8. 计算思维概念及其应用举例。
9. 信息领域需重点突破的 3 个方向。
10. 影响云计算发展的原因。
11. 网络大数据的特点。

7.2.2 选择题

1. CPU 的主要功能是进行（   ）。
    A. 算术运算   B. 逻辑运算
    C. 算术逻辑运算   D. 算术逻辑运算与全机的控制

2. CPU 能直接访问的存储部件是（　　　）。

    A. 软盘　　　　　　B. 硬盘　　　　　　C. 内存　　　　　　D. 光盘

3. 如果一个存储单元存放 1B,那么一个 64KB 的存储单元共有（　　　）个存储单元,用十六进制的地址码则编号为 0000～（　　　）。

    A. 64000　　　　　B. 65536　　　　　C. 10000H　　　　D. 0FFFFH

4. 计算机中访问速度最快的存储器是（　　　）。

    A. RAM　　　　　　B. cache　　　　　C. 光盘　　　　　　D. 硬盘

5. 通常所说的 CPU 芯片包括（　　　）。

    A. 控制器、运算器和寄存器组　　　　　B. 控制器、运算器和内存储器

    C. 内存储器和运算器　　　　　　　　　D. 控制器和内存储器

6. 在内存中,每个基本单位都被赋予一个唯一的序号,这个序号称为（　　　）。

    A. 字节　　　　　　B. 编号　　　　　　C. 地址　　　　　　D. 容量

7. 在微型计算机的性能指标中,用户可用的内存储器容量是指（　　　）。

    A. ROM 的容量　　　　　　　　　　　B. RAM 的容量

    C. ROM 和 RAM 的容量总和　　　　　D. CD-ROM 的容量

8. DRAM 存储器的中文含义是（　　　）。

    A. 静态随机存储器　　　　　　　　　　B. 静态只读存储器

    C. 动态随机存储器　　　　　　　　　　D. 动态只读存储器

9. 在不同的计算机中,字节的长度是固定不变的。设计算机的字长是 4B,那么意味着（　　　）。

    A. 该计算机最长可使用 4B 的字符串

    B. 该计算机在 CPU 中一次可以处理 32b

    C. CPU 可以处理的最大数是 24

    D. 该机以 4B 为 1 个单位将信息存放在软盘上

10. 存储的内容在被读出后并不被破坏,这是（　　　）的特性。

    A. 随机存储器　　B. 内存　　　　　　C. 磁盘　　　　　　D. 存储器共同

11. 能将源程序转换成目标程序的是（　　　）。

    A. 调式程序　　　　B. 解释程序　　　　C. 编译程序　　　　D. 编辑程序

12. 系统软件中最重要的是（　　　）。

    A. 操作系统　　　　　　　　　　　　　B. 语言处理程序

    C. 工具软件　　　　　　　　　　　　　D. 数据库管理系统

13. 把十进制数 1024 转化成二进制数是（　　　）。

    A. 1000100000　　B. 10000000000　　C. 1000000000　　D. 100000000000

14. CAI 是指（　　　）。

    A. 系统软件　　　　　　　　　　　　　B. 计算机辅助教学软件

    C. 计算机辅助管理软件　　　　　　　　D. 计算机辅助设计软件

15. 把二进制数 10101.10101 转化成八进制是（　　　）。

    A. 25.25　　　　　B. 25.52　　　　　C. 25.42　　　　　D. 52.52

16. 把十进制数 3.625 转化成二进制数是(   )。

    A. 10.10   B. 11.101   C. 11.10   D. 101.101

17. 显示卡的分辨率为 800×600 像素的情况下,颜色数量是 16 种,则显示缓冲区为(   )。

    A. 16KB   B. 32KB   C. 64KB   D. 256KB

18. 分辨率为 1280×1024 像素,256 种颜色的 17 英寸(1 英寸=2.54 厘米)显示器的显存容量至少应为(   )。

    A. 1MB   B. 2MB   C. 4MB   D. 8MB

19. 对使用高级语言编写的程序进行转换的程序称之为(   )。

    A. 源程序   B. 编辑程序   C. 编译程序   D. 连接程序

20. 将高级语言编写的程序翻译成机器语言,可以采用两种翻译方式,它们是(   )。

    A. 编译和汇编   B. 解释和汇编   C. 解释和编译   D. 编译和连接

21. 计算机最早的应用领域是(   )。

    A. 数据处理   B. 实时控制   C. 人工智能   D. 科学计算

22. 已知计算机字长为 8b,机器数真值 $X=-1011011$,则该数的原码、反码和补码分别是(   )。

    A. 11011011,10100100,10100101   B. 011011011,00100100,00100101

    C. 10100100,11011011,11011100   D. 01011011,01011011,01011011

23. 计算机辅助制造的英文缩写是(   )。

    A. CAD   B. CAM   C. CAE   D. CBC

24. 一个完整的计算机系统应包括(   )。

    A. 计算机及外部设备   B. 主机箱、键盘、显示器和打印机

    C. 硬件系统和软件系统   D. 系统软件和系统硬件

25. 汉字国标码(GB 2312—1980)规定的汉字编码,每个汉字符使用(   )表示。

    A. 1B   B. 2B   C. 3B   D. 4B

26. 运算器的主要功能是(   )。

    A. 控制计算机的运行   B. 进行算术运算和逻辑运算

    C. 分析指令并执行   D. 负责存取存储器中的数据

27. 微型计算机的 CPU 每执行一个(   ),即完成一步基本操作。

    A. 语句   B. 程序   C. 指令   D. 软件

28. 计算机能按照人们的意图自动、高速地进行操作,是因为采用了(   )。

    A. 机器语言   B. 高级语言

    C. 高性能的 CPU   D. 程序存储在内存中

29. 计算机应用最广泛的领域是(   )。

    A. 数据处理   B. 实时控制   C. 电子商务   D. 科学计算

30. 一个 32×32 点阵的汉字字形码至少需用(   )字节保存。

    A. 64   B. 32   C. 256   D. 128

31. 冯·诺依曼体系结构的计算机系统要求将(   )同时存放在内存中。

 A. 数据和运算符　　　　　　　　B. 若干条指令码

 C. 若干个程序　　　　　　　　　D. 数据和程序

32. 一个 32 位的计算机指的是其所用的 CPU(　　)。

 A. 具有长度为 32 位的运算器　　B. 只能处理 32 位的定点数

 C. 一次能够处理 32 位的二进制数　D. CPU 中包含 32 个寄存器

33. 计算机能够直接执行的程序是(　　)。

 A. 机器语言程序　　　　　　　　B. C 语言源程序

 C. Basic 语言源程序　　　　　　D. 汇编语言源程序

34. "裸机"是指(　　)。

 A. 巨型计算机　　　　　　　　　B. 单片机

 C. 只安装了操作系统的计算机　　D. 未安装任何软件的计算机

35. 组成微型计算机系统硬件的 5 个部分是(　　)。

 A. 存储器、CPU、主机箱、键盘、显示器

 B. CPU、内存储器、硬盘、键盘、显示器

 C. 运算器、控制器、内存储器、输入设备、输出设备

 D. 控制器、主机、运算器、输入设备、输出设备

36. RAM 的中文含义是(　　)。

 A. 高速存储器　　　　　　　　　B. 随机存储器

 C. 只读存储器　　　　　　　　　D. 缓冲存储器

37. 计算机系统断电会使所存储的信息丢失的存储器是(　　)。

 A. 半导体 RAM　　　　　　　　B. 硬磁盘

 C. 半导体 ROM　　　　　　　　D. 光盘

38. 磁盘连同驱动器是一种(　　)。

 A. 内存储器　　B. 外存储器　　C. 只读存储器　　D. 半导体存储器

39. 在内存储器中,每个基本单位都被赋予一个唯一的序号,这个序号称为(　　)。

 A. 字节　　　B. 编号　　　C. 地址　　　D. 容量

40. 下列存储器中,访问速度最快的是(　　)。

 A. 光盘存储器　　　　　　　　　B. 半导体 RAM

 C. 硬磁盘存储器　　　　　　　　D. 软磁盘存储器

7.2.3　判断题

1. 计算机软件是指程序、数据和文档的集合。　　　　　　　　　(　　)
2. 某计算机系统的字长为 16 位,指的是它具有计算 16 位十进制数的能力。(　　)
3. 计算机能够按照人们的意图自动、高速地进行操作,是因为程序存储在内存中。

　　　　　　　　　　　　　　　　　　　　　　　　　　　　　(　　)
4. 微型计算机断电后,机器内部的计时系统将停止工作。　　　　(　　)
5. 在微型计算机中,数据总线既可以传输数据信息,也可以传输地址信息。(　　)

6. 在微型计算机中,控制总线的信息总体上来说可以双向传输。 （　　）

7. 外存储器既是输入设备,也是输出设备。 （　　）

8. 磁盘读写数据的方式是顺序的。 （　　）

9. 磁盘的存储容量取决于其直径的大小。 （　　）

10. 因为都是外存储器,所以磁盘和光盘的信息存储原理是一样的。 （　　）

11. 存储容量的基本单位是字。 （　　）

12. 信息在外存储器上是以文件的形式存储的。 （　　）

13. 硬磁盘上存储文件的基本单位是字节。 （　　）

14. 网卡和调制解调器只能输出信息。 （　　）

15. CD-ROM 只能作为输入设备使用。 （　　）

16. 计算机应用最广泛的领域是科学计算。 （　　）

17. 在计算机中采用二进制是因为其最符合人们的使用习惯。 （　　）

18. 十六进制数由 0、1、2、…、13、14、15 这 16 个数码组成。 （　　）

19. 在计算机技术中经常使用十六进制数是因为其运算规则简单。 （　　）

20. 计算机系统的字长越长,运算精度越高。 （　　）

21. 在 ROM 中保存的数据在系统断电之后即丢失。 （　　）

22. 在 RAM 中保存的数据在系统断电之后即丢失。 （　　）

23. 外存储器中保存的数据不会因系统断电而丢失。 （　　）

24. 高速缓冲存储器(cache)的作用是解决 CPU 与外部设备工作速度的匹配问题。
（　　）

25. 计算机发展趋势中的巨型化是指体积更加庞大的计算机系统。 （　　）

26. 现代信息技术的特点是数字化、多媒体化、网络化和智能化。 （　　）

27. 机器语言是低级语言,而汇编语言则是高级语言。 （　　）

28. 用高级语言编写的源程序必须用汇编程序汇编成目标程序后,计算机才能执行。
（　　）

29. 用高级语言编写的源程序只能用解释程序生成目标程序后,计算机才能执行。
（　　）

30. 编译方式和解释方式的唯一区别在于是否生成目标程序。 （　　）

31. 没有安装任何软件的计算机系统称为"裸机"。 （　　）

32. Shift 键仅对标有双符号的键起作用。 （　　）

33. 大写锁定键 CapsLock 仅对字母键起作用。 （　　）

34. 对字母键而言,Shift 键的作用与 CapsLock 键的状态有关。 （　　）

35. Alt 键和 Ctrl 键不能单独使用,只有配合其他键使用才有意义。 （　　）

36. 计算机技术的发展带给人类的是文明与进步,不会产生负面效应。 （　　）

7.2.4　填空题

1. 一个冯·诺依曼体系结构的计算机硬件系统主要由 _____、_____、

_____、_____和_____五大部分组成。

2. 计算机的软件系统主要包含_____和_____。

3. 计算机的发展趋势是进一步的_____、_____、_____和_____。

4. 及时地自动采集、检测、分析_____的相关数据,按照最佳值迅速对控制对象的运行状态进行_____、_____,是计算机系统在_____方面的应用。

5. 计算机网络是_____技术与_____技术相结合的产物。

6. 目前计算机分代的根据是制造计算机所使用的_____。

7. 现代计算机科学的奠基人艾伦·图灵在计算机科学方面的主要贡献有两个:一个是建立了_____的理论模型,另一个是提出了定义机器智能的_____。

8. 运算器又称为算术逻辑单元,是计算机中执行各种_____和_____的部件。

9. CPU 由_____和_____组成,与_____构成微型计算机的主机。

10. 内存储器包括只读存储器、随机存储器和高速缓冲存储器,它们的英文简称分别是_____、_____和_____。

11. 为区分_____中的各个存储单元,计算机系统对全部存储单元按顺序统一编号,这些编号称为_____。

12. 微型计算机各部分之间通过_____传递各种信息。根据所传输信息和功能的不同,又可以分为_____、_____和_____。

13. 计算机系统采用二进制的原因是_____、_____、_____、_____和_____。

14. 二进制数除了能够进行_____运算外,还可以进行_____运算。

15. 计算机的一条指令通常由_____和_____两部分组成。

16. 字节的英文名称是_____。1B 等于_____b(位)。32 位二进制数有_____字节。

17. 人与计算机进行联系、传递信息的接口是_____设备。

18. 微型计算机中使用最普遍的字符编码是_____。

19. 用高级语言编写的_____,必须使用_____程序翻译成_____,才能被计算机执行。

20. 在计算机中,用于临时存放数据、指令等各种信息的部件是_____。

21. 表示 10 种状态至少需要_____位二进制数。

22. 微型计算机最常用的两种输入设备是_____和_____。

23. 微型计算机最常用的一种输出设备是_____。

24. 打印机可以分为击打式和非击打式两大类,激光打印机属于_____。

25. 已知大写字母 A 的 ASCII 码值为 65,则 F 的 ASCII 码值为_____,a 的 ASCII 码值为_____。

26. _____计数制使用固定的 R 个数码,R 称为该计数制的_____。R 等于几,即为几进制,_____。

27. 基本的逻辑运算有 3 个,它们是_____、_____和_____。

28. 格式化将磁盘划分为若干个同心圆的_____,每个_____又划分为若干个

_____。磁盘上保存文件的基本单位是_____。

7.2.5　计算题

1. 用补码的方法计算$(39)_{10} - (45)_{10}$。
2. 用补码的方法计算$(119)_{10} - (95)_{10}$。

第 8 章　Windows 7 操作系统学习指导与习题

8.1　学习提要

8.1.1　学习目标与要求

（1）理解操作系统的概念和作用，了解操作系统的功能和分类，了解几种经典操作系统。

（2）熟悉 Windows 7 操作系统的安装和 Windows 7 的操作界面。

（3）熟练掌握 Windows 7 操作系统的基本功能，包括文件管理、磁盘管理、设备管理和程序管理。

（4）熟练掌握 Windows 7 操作系统的系统设置。

8.1.2　主要知识点

1. 操作系统基础

（1）操作系统的概念与作用。

（2）操作系统的主要功能：处理机管理、存储器管理、设备管理、文件管理和用户接口。

（3）操作系统的分类：3 种分类标准。

（4）典型操作系统简介。

2. Windows 7 的安装与操作界面

（1）安装 Windows 7 操作系统的准备工作与步骤。

（2）Windows 7 的启动与退出，关机按钮级联菜单的 6 个操作。

（3）Windows 7 的操作方式：鼠标、快捷键和功能键。

（4）Windows 7 的桌面、任务栏和开始菜单的组成及操作。

（5）Windows 7 的窗口、菜单和对话框的组成及操作。

3. Windows 7 的主要功能

（1）文件和文件夹管理。文件的命名与类型，文件系统的目录结构，文件和文件夹的选定、打开、复制、移动、属性查看与设置，回收站，文件的搜索。

（2）磁盘管理。磁盘的格式化、磁盘检查、磁盘清理和磁盘碎片整理。

(3) 程序管理。绿色软件与安装版软件、程序的安装与卸载。

(4) 任务管理。使用任务管理器。

(5) 设备管理。设备状态查看,设备驱动程序的配置。

4. Windows 7 系统设置

(1) 设置打印机、鼠标与键盘。

(2) 设置声音设备。

(3) 设置显示属性:显示器分辨率、个性化显示设置。

(4) 日期、时间和区域语言设置。

(5) 用户账户管理:用户与用户组的基本知识,创建、管理和删除用户。

(6) 管理工具:系统配置程序与服务。

8.2 习题

8.2.1 单项选择题

1. 计算机系统中所有的硬件和软件,在操作系统中一律作为(   )来管理。
   A. 程序   B. 功能   C. 资源   D. 进程
2. 下列操作系统中属于单任务操作系统的是(   )。
   A. UNIX   B. Linux   C. Windows 7   D. DOS
3. 在已发布的 Windows 7 的 6 个不同版本中,功能最全的一个版本是(   )。
   A. 旗舰版   B. 高级家庭版   C. 专业版   D. 企业版
4. 在下列操作系统中,源代码开放的操作系统是(   )。
   A. iOS   B. Mac OS   C. Windows XP   D. Linux
5. 在大多数笔记本计算机上,按功能键(   )可以选择第一启动设备。
   A. F1   B. F5   C. F8   D. F12
6. 不属于存储管理功能的是(   )。
   A. 内存分配   B. 地址映射
   C. 实现虚拟存储器   D. 硬盘空间管理
7. 关于 Windows 7 的安装,下列说法正确的是(   )。
   A. 采用升级安装,可以将 Vista 系统升级为更高版本的 Windows 7 系统
   B. 在同一台计算机上每次安装 Windows 7 时必须格式化目标驱动器
   C. 一台计算机上只能安装一个操作系统
   D. 将其他计算机上安装的 Windows,直接复制到本计算机上就可以使用了
8. Android 操作系统是(   )公司发布的。
   A. 苹果   B. 微软   C. 腾讯   D. 谷歌
9. 操作系统为用户提供了 3 种接口,以下 4 个选项中(   )不包括在内。

A. 命令　　　　　　B. 软件　　　　　　C. 程序　　　　　　D. 图形

10. 在工具栏上不需要添加就存在的图标是（　　　）。

A. 地址工具栏　　　B. 链接工具栏　　　C. 语言工具栏　　　D. 桌面

11. 在系统属性窗口中不能查看（　　　）。

A. CPU　　　　　　B. 显卡　　　　　　C. 内存　　　　　　D. 操作系统版本

12. 在计算机开机时长按（　　　）键，可以进入 BIOS 设置界面。

A. Home　　　　　B. Insert　　　　　C. Delete　　　　　D. End

13. 在 Windows 7 的桌面上建立一个文本文件，打开后输入两个汉字，查看文件属性，可以看到，文件大小 4B，占据空间 4096B，这是因为 Windows 7 操作系统对文件存储空间的分配，通常以（　　　）为单位。

A. 字节　　　　　　B. 扇区　　　　　　C. 磁道　　　　　　D. 簇

14. 在 Windows 7 的窗口中，隐藏和显示窗口菜单的按键是（　　　）。

A. Ctrl　　　　　　B. Shift　　　　　　C. Alt　　　　　　D. CapsLock

15. 在 Windows 7 的桌面上，按功能键 F1，将（　　　）。

A. 启动系统帮助程序　　　　　　　　B. 弹出"搜索"对话框

C. 刷新桌面显示的图标　　　　　　　D. 打开设备管理器

16. 在一个窗口中使用"Alt＋空格"快捷键可以（　　　）。

A. 打开快捷菜单　　　　　　　　　　B. 打开控制菜单

C. 最小化窗口　　　　　　　　　　　D. 以上都不正确

17. 若已打开若干个窗口，利用快捷键 Alt＋（　　　），可以显示所有打开窗口对应的应用程序图标，同时实现窗口之间切换。

A. Esc　　　　　　B. Ctrl　　　　　　C. Tab　　　　　　D. Shift

18. 一个文件夹中有 3 个文本文件，分别是 my. txt、your. txt 和 Y. TXT，打开文件夹，在搜索栏内输入＊y＊. txt，在结果中会显示（　　　）个文本文件。

A. 3　　　　　　　B. 2　　　　　　　C. 1　　　　　　　D. 0

19. 对话框外形和窗口差不多，（　　　）。

A. 也有菜单栏　　　　　　　　　　　B. 也有标题栏

C. 也有最大化、最小化按钮　　　　　D. 也允许用户改变其大小

20. 要在同一对话框的不同选项卡之间进行切换，使用的快捷键是（　　　）。

A. Ctrl＋Tab　　　B. Ctrl＋Shift　　　C. Ctrl＋Alt　　　D. Alt＋Shift

21. 在下列文件中，合法的文件名是（　　　），以下所有字母和标点符号均使用西文半角。

A. Index. asp　　　B. ture?. txt　　　C. A＊. DOC　　　D. I/O 接口. TXT

22. 如果只离开一会，回来后希望继续工作，（　　　）是最好的选择。

A. 注销用户　　　　　　　　　　　　B. 关闭计算机

C. 锁定计算机　　　　　　　　　　　D. 直接离开，不做处理

23. 在资源管理器中，若将 D 盘的一个文件直接使用鼠标拖曳到 D 盘下的某一文件夹中，下列说法正确的是（　　　）。

A. 实现了复制、粘贴操作　　　　　　　B. 实现了剪切、粘贴操作

C. 该操作无法完成　　　　　　　　　　D. 删除了文件

24. 下列关于"回收站"的说法,正确的是(　　　)。

A. 默认情况下将 U 盘上的文件删除后可以在回收站中还原

B. 默认情况下从回收站中还原的文件一律出现在桌面上

C. 默认情况下从硬盘上删除的文件,在回收中可以还原

D. 默认情况下双击回收站中的文件,可以直接打开,查看内容来确定是否应该还原

25. 若希望直接删除一个文件,不进回收站,可以在按(　　　)键的同时用鼠标将文件直接拖曳到"回收站"中。

A. Esc　　　　　　B. Ctrl　　　　　　C. Tab　　　　　　D. Shift

26. 磁盘碎片整理的作用是(　　　)。

A. 将分散保存的文件放在一个连续的存储区域,提高读写速度

B. 删除一些无用的文件,释放存储空间

C. 检查并修复磁盘上损坏的扇区

D. 清除磁盘上所有的文件和文件夹,并修复文件系统的错误

27. 关于磁盘格式化,下面 4 种说法中,(　　　)是正确的。

A. 在 Windows 7 系统运行时,可以格式化系统盘

B. 一块从未格式化过的硬盘不能使用快速格式化

C. 打开 U 盘上的文件,格式化 U 盘,系统会自动关闭文件并完成格式化

D. 一块损坏的硬盘同样可以完成格式化

28. 在 Windows 7 窗口中,同时改变窗口的高度和宽度,应该在(　　　)上操作。

A. 边框　　　　　　B. 控制按钮　　　　C. 标题栏　　　　D. 4 个角

29. 用户格式化硬盘的操作是(　　　)。

A. 高级格式化　　　　　　　　　　　　B. 低级格式化

C. 硬格式化　　　　　　　　　　　　　D. 软格式化

30. 默认情况下,要保护一个文件不能被随便修改应该设置为(　　　)属性。

A. 只读　　　　　　B. 隐藏　　　　　　C. 存档　　　　　　D. 系统

31. 一个文件的扩展名为 docx,下列关于这个文件正确的说法是(　　　)。

A. 这是一个文本文件,默认情况下使用记事本程序打开

B. 这是一个 Word 2010 创建的文件,只能用 Word 2010 打开

C. 可以用记事本程序打开这个文件,但双击打开只能用 Word 2010,不能修改

D. 以上说法都不对

32. Windows 7 个性化桌面设置不包括(　　　)。

A. 默认输入法　　　　　　　　　　　　B. 桌面背景

C. 声音　　　　　　　　　　　　　　　D. 窗口颜色

33. 关于 Windows 7 的用户组,以下说法错误的是(　　　)。

A. Administrator 组拥有最高权限

　　　B. Guest 组拥有的权限最低

　　　C. 新创建的用户可以归入超级用户和谱图用户组

　　　D. Guset 用户一般不使用,可以删除

34. 在设备管理中,某一设备的名称前边有一个红色的×,这表示(　　　)。

　　　A. 该设备与当前系统不兼容

　　　B. 该设备没有安装设备驱动程序

　　　C. 该设备被停用,可以重新启用它

　　　D. 该设备没有连接到计算机

35. 要选定多个连续的文件或文件夹的操作,先单击第一项,然后(　　　)再单击最后一项。

　　　A. 按住 Alt 键　　　B. 按住 Ctrl 键　　　C. 按住 Shift 键　　　D. 按住 Delete 键

36. 在"资源管理器"中,若要选定若干非连续的文件,按住(　　　)键的同时,再单击所要选择的非连续文件。

　　　A. Alt　　　　　　B. Tab　　　　　　C. Shift　　　　　　D. Ctrl

37. 下列有关 Windows 7 菜单命令的说法,不正确的是(　　　)。

　　　A. 带省略号…,执行命令后会打开一个对话框

　　　B. 前有符号√,表示该选项已被选中,命令有效

　　　C. 带符号▶,当鼠标指向时,会弹出一个子菜单

　　　D. 带符号●,表示菜单名太长,用鼠标指向时,被省略的部分会显示出来

38. 以操作系统的任务处理方式来进行分类,不包括(　　　)。

　　　A. 批处理系统　　　　　　　　　　B. 实时操作系统

　　　C. 分时操作系统　　　　　　　　　　D. 单任务操作系统

39. 以下关于 Windows 7 快捷方式的说法正确的是(　　　)。

　　　A. 一个快捷方式可以指向多个目标对象

　　　B. 一个对象可以建立多个快捷方式

　　　C. 删除快捷方式会同时删除目标对象

　　　D. 快捷方式是文件的一个副本

40. 剪贴板的本质是(　　　)。

　　　A. 内存中的一块区域　　　　　　　　B. 一个特殊程序

　　　C. 硬盘上的一块存储区域　　　　　　D. CPU

8.2.2　填空题

1. 操作系统为用户提供了_____、_____和程序接口 3 种接口。

2. 操作系统具有处理机管理、_____、_____和文件管理等功能。

3. 右击任务栏,选择_____命令,任务栏的位置和大小将不能被改变。

4. Windows 7 有 4 种菜单,其中右击时弹出的菜单是_____,单击任务栏上的"开始"按钮弹出的菜单是_____。

5. 在 Windows 7 中使用拖动鼠标的方法在同一个驱动器上复制对象,需要拖动鼠标时按下_____键,在不同驱动器上移动对象,需要按_____键。

6. 在 Windows 7 中,用户要长时间离开正在操作的计算机,但希望保存现在的运行环境,则需要使用关机级联菜单的_____命令。

7. 用户可以使用鼠标_____文件图标,打开文件或运行一个程序。如果用户想了解关于图标的详细情况可以采用鼠标_____图标的方法来实现。

8. Windows 7 打开桌面的快捷键是_____,直接打开任务管理器的快捷键是_____。

9. Windows 7 中使用鼠标将一个文件夹添加到"开始"菜单,需要将该文件夹直接拖到_____。

10. 按下_____键可以把当前窗口截图复制到剪贴板;按下_____键可以把整个屏幕截图复制到剪贴板。

11. 要搜索系统中所有文件名中包含"计算机基础"的文本文件,可以在"开始"菜单的搜索栏内输入_____。

12. 在 Windows 7 中,打开一个包含 5 个文件的文件夹,如果要选中除第 3 个文件以外的所有文件,可选中第 3 个文件,单击编辑菜单中的_____命令。

13. 在 Windows 7 中,为了保护某个文件,避免误操作,可以设置该文件的属性为_____,使该文件在默认情况下不可见。

14. 图像的_____决定了图像中像素点的多少,在一定程度上决定了图像的真实度。

15. 复制操作的快捷键是_____,剪切操作的快捷键是_____,粘贴操作的快捷键是_____。

16. 在 Windows 7"文件属性"对话框中,单击_____命令可以使用关联程序以外的程序打开文件。

17. 从根目录出发到达文件所在位置的路径是_____路径,从当前目录出发到达文件所在位置的路径是_____路径。

18. 在 Windows 7 的控制面板中,双击_____图标可以查看计算机的 CPU、内存和安装的系统信息。

19. 在安装 Windows 7 过程中,系统自动创建两个账号,分别是_____和_____。

20. 桌面上带有 的图标表明该文件是一个_____,使用鼠标_____该图标可以打开目标文件或运行目标程序。

21. 使用_____可以帮助用户释放磁盘空间,删除临时文件和安全地删除不需要的文件,执行对磁盘的_____操作可以全部删除磁盘上的数据,检查和修复文件系统错误。

22. 在_____对话框中,可以设置文件和文件夹的显示方式,例如,隐藏文件的扩展名,显示和不显示隐藏文件夹等。

8.2.3 简答题

1. 什么是操作系统？操作系统的作用是什么？
2. 从资源管理的角度，操作系统有哪些基本功能？
3. 鼠标操作有几种？请简单描述操作方法和功能。
4. Windows 7对话框是一种特殊的窗口，它和窗口有什么区别？
5. 快捷方式是什么？如何在桌面上创建快捷方式？
6. 回收站的功能是什么？什么样的文件删除后不能在回收站中恢复？

8.2.4 操作题

1. "文件夹选项"设置

(1) 设置浏览文件夹时"在不同窗口中打开不同文件夹"，打开项目的方式为"通过双击打开项目（单击时选定）"，在导航窗格"自动扩展到当前文件夹"。

(2) 设置"显示隐藏的文件、文件夹或驱动器""显示已知文件类型的扩展名"。取消"隐藏受保护的操作系统文件"。

2. "显示"设置

(1) 先准备一张图片，将这张图片设置为桌面背景，效果为"拉伸"。

(2) 设置窗口颜色为淡绿色。

(3) 设置屏幕保护为"三维文字"，内容"山东财经大学东方学院"，等待时间10min，旋转类型设置为"滚动"。

(4) 设置声音为"节日"。

(5) 修改指针正常选择为arrow_r。

(6) 保存主题为"新主题"。

3. 文件和文件夹操作

(1) 在D盘下创建user文件夹和my文件夹。

(2) 在user文件夹下创建"学习.txt""工作.txt"和"娱乐.docx"3个文件。

(3) 搜索D盘上扩展名为docx的文件，使用PrSc键为搜索结果抓图，粘贴到"娱乐.docx"中。

(4) 将"学习.txt""娱乐.docx"移动到my文件夹。

(5) 在D盘搜索工作开头的所有文件，删除"工作.txt"。

4. "回收站"操作

(1) 查看回收站中"工作.txt"的属性，记录其原位置，建立和删除时间。

（2）将"工作.txt"还原。

（3）删除"学习.txt",在回收站中将其彻底删除。

（4）设置 D 盘删除的文件不进回收站,并关闭安全提示。

5."任务管理器"操作

（1）打开"工作.txt",在任务管理器中结束程序,在新任务中打开"娱乐.docx"。

（2）在进程选项卡中结束 windword 进程,观察"娱乐.docx"是否关闭。

（3）查看登录到计算机的用户。

6."快捷方式"操作

（1）为"娱乐.docx"在桌面创建快捷方式。

（2）将"娱乐.docx"固定到"开始"菜单。

（3）将"娱乐.docx"固定到任务栏。

7. 其他操作

（1）为 D 盘进行磁盘清理,查看系统中各驱动器的碎片百分比。

（2）在系统配置程序中设置为"诊断启动"。

（3）停止服务中的 UPnP 服务,并设置启动方式为"手动"。

第 9 章　网络技术学习指导与习题

9.1　学习提要

9.1.1　学习目标与要求

（1）了解计算机网络与 Internet 有关的基本知识。

（2）掌握组成局域网的结构及硬件设备。

（3）掌握移动互联网的定义、特点。

9.1.2　主要知识点

1. 计算机网络基础

（1）计算机网络的定义和功能。

（2）计算机网络的分类和结构。

（3）计算机网络体系结构。

2. 局域网

（1）局域网传输介质。双绞线、同轴电缆、光纤。

（2）局域网的连接。

（3）Windows 7 操作系统下局域网共享。

3. Internet 基础

（1）Internet 发展历程及功能。

（2）IP 地址与域名系统。IP 地址的格式：****.****.****.****。

4. 移动互联网

（1）移动互联网的定义。

（2）移动互联网的特点。

（3）移动互联网的体系结构。

（4）移动互联网的发展趋势。

9.2 习题

9.2.1 单项选择题

1. 计算机网络技术包含的两个主要技术是计算机技术和（　　）。
   A. 微电子技术
   B. 通信技术
   C. 数据处理技术
   D. 自动控制技术

2. 按照网络覆盖的地理范围,可将计算机网络分为三大类,分别是（　　）。
   A. 局域网、广域网和互联网
   B. 广域网、局域网和城域网
   C. 广域网、局域网和 Internet
   D. Internet、互联网和城域网

3. 广域网和局域网是按照（　　）来分的。
   A. 网络使用者
   B. 信息交换方式
   C. 网络连接距离
   D. 传输控制规程

4. 局域网的拓扑结构主要有（　　）、环状、总线和树状 4 种。
   A. 星状
   B. T 状
   C. 链状
   D. 关系

5. 计算机网络的主要目标是（　　）。
   A. 分布处理
   B. 将多台计算机连接起来
   C. 提高计算机可靠性
   D. 共享软件、硬件和数据资源

6. 在局域网常用的拓扑结构中,各结点间由一条公共线路相连,采用一点发送、多点接收方式进行通信的拓扑结构称为（　　）。
   A. 总线结构
   B. 星状结构
   C. 环状结构
   D. 网状结构

7. 在计算机网络中,通常把提供并管理共享资源的计算机称为（　　）。
   A. 服务器
   B. 工作站
   C. 网关
   D. 路由器

8. Internet 使用的核心通信协议是（　　）。
   A. CSMA/CD 协议
   B. TCP/IP 协议
   C. X.25/X.75 协议
   D. Token Ring 协议

9. 调制解调器用于完成计算机数字信号与（　　）之间的转换。
   A. 电话线上的数字信号
   B. 同轴电缆上的音频信号
   C. 同轴电缆上的数字信号
   D. 电话线上的音频信号

10. OSI 的中文含义是（　　）。
    A. 网络通信协议
    B. 国家信息基础设施
    C. 开放系统互连
    D. 公共数据通信网

11. 电子邮件地址的一般格式为（　　）。
    A. 用户名@域名
    B. 域名@用户名
    C. IP 地址@域名
    D. 域名@IP 地址

12. 下列说法中错误的是（　　）。

A. 电子邮件是 Internet 提供的一项最基本的服务

B. 电子邮件具有快速、高效、方便、价廉等特点

C. 通过电子邮件,可向世界上任何一个角落的网上用户发送信息

D. 可发送的多媒体只有文字和图像

13. 收到一封邮件,再把它寄给别人,一般可以用(　　)来实现。

　　A. 回复　　　　　　B. 转发　　　　　　C. 编辑　　　　　　D. 发送

14. IP 地址由(　　)组成。

　　A. 3 个黑点分隔主机名、单位名、地区名和国家名 4 个部分

　　B. 3 个黑点分隔 4 个 0~255 的数字

　　C. 3 个黑点分隔 4 部分,前两部分是国家名和地区名,后面部分是数字

　　D. 3 个黑点分隔 4 部分,前两部分是国家名和地区名,后两部分是网络和主机码

15. 互联网的地址系统规定,每台接入互联网的计算机允许有(　　)个地址码。

　　A. 多个　　　　　　B. 0 个　　　　　　C. 1 个　　　　　　D. 不多于两个

16. HTTP 的中文意思是(　　)。

　　A. 布尔逻辑搜索　　　　　　　　　　B. 电子公告牌

　　C. 文件传输协议　　　　　　　　　　D. 超文本传输协议

17. Telnet 的功能是(　　)。

　　A. 软件下载　　　　B. 远程登录　　　　C. WWW 浏览　　　　D. 新闻广播

18. 连接到 WWW 页面的协议是(　　)。

　　A. HTML　　　　　B. HTTP　　　　　C. SMTP　　　　　D. DNS

19. 在 URL:"http://www.pku.edu.cn/home/welcome.html"中的 www.pku.edu.cn,是指(　　)。

　　A. 一个主机的域名　　　　　　　　　B. 一个主机的 IP 地址

　　C. 一个 Web 主页　　　　　　　　　D. 网络协议

20. Internet 起源于(　　)。

　　A. 美国　　　　　　B. 英国　　　　　　C. 德国　　　　　　D. 澳大利亚

9.2.2　填空题

1. 计算机网络从逻辑或功能上可分为两部分:_____子网和_____子网。

2. 常见的网络交换与互连设备有集线器、_____、_____。

3. 计算机网络中,通信双方必须共同遵守的规则或约定称为_____。

4. 衡量网络上数据传输速率的单位是 b/s,其含义是_____。

5. OSI 的中文含义是_____,它采用分层结构的描述方法,将整个网络通信的功能划分为_____个层次,由低至高为_____。

6. IP 地址是一个_____位的二进制数。

7. Internet 上的每一个信息页都有自己的地址,称为_____。

8. Internet 使用的核心通信协议是_____。

9. 一台连入 Internet 的主机具有全球唯一的地址,该地址称为_____。

10. 在 Internet 域名地址表示中,EDU 代码的意义是_____。

9.2.3 简答题

1. 计算机网络的定义是什么?

2. 计算机网络有哪些功能?

3. 简述网络的分类。

4. 简述网络拓扑结构的分类。

5. OSI 参考模型包括哪些层次? 每个层次的主要功能是什么?

6. IP 地址表示什么? 它是怎样表示的? 主要有哪 3 类? 它们分别是怎样表示的? 各有什么特点?

第 10 章　文字处理软件 Word 2010 学习指导与习题

10.1　学习提要

10.1.1　学习目标与要求

(1) 熟悉 Word 2010 窗口的基本组成。

(2) 熟练掌握 Word 2010 文档的创建、保存、关闭和打开,掌握中、英文字符及特殊字符的输入。

(3) 掌握文本的各种选定方法,熟练掌握文本的删除、复制、移动、撤销和恢复等操作。

(4) 掌握文本的查找、替换和定位,熟悉在文档中插入批注和文档修订,学会使用自动更正功能检测、更正输入错误。

(5) 学会使用邮件合并功能,批量创建信函、电子邮件、传真、信封、标签等。

(6) 掌握字符格式和段落格式的设置。

(7) 掌握设置页面的页眉、页脚、页码、分页、分节、分栏等操作。

(8) 掌握长文档的编辑操作,学会使用格式刷和样式实现文档格式的重用、插入目录、添加引用内容等操作。

(9) 掌握 Word 2010 中表格的创建、内容的输入与编辑操作,表格格式设置,表格与文本之间的转换,表格中数据的排序与计算。

(10) 学会图片、图形、文本框、艺术字、公式等对象的插入和编辑,以及 SmartArt 图形的创建。

10.1.2　主要知识点

1. Word 2010 概述

Word 2010 窗口的基本组成。

2. Word 2010 的基本操作

(1) Word 2010 文档的创建、保存、关闭和打开。

(2) 中、英文字符及特殊字符的输入。

3. Word 2010 文本编辑

(1) 文本的各种选定方法，文本的删除、复制、移动、撤销和恢复等操作。

(2) 文本的查找、替换和定位，插入批注和文档修订，自动更正功能。

(3) 邮件合并功能，批量创建信函、电子邮件、传真、信封、标签等。

4. Word 2010 文档的格式设置

(1) 字符格式的设置。

(2) 段落的对齐、缩进、行间距和段间距、项目符号和编号、首字下沉、边框和底纹等格式的设置。

(3) 设置页面的页眉、页脚、页码、分页、分节、分栏、插入目录等操作，使用格式刷和样式实现文档格式的重用。

5. 长文档的编辑

(1) 使用格式刷和样式实现文档格式的重用。

(2) 自动生成目录。

(3) 添加题注、尾注、脚注等引用内容。

6. 表格操作

(1) Word 2010 中表格的创建、内容的输入与编辑操作。

(2) 表格格式设置。

(3) 表格与文本之间的转换。

(4) 表格中数据的排序与计算。

7. 其他对象的操作

(1) 图片、图形、文本框、艺术字、公式等对象的插入和编辑。

(2) SmartArt 图形的创建。

10.2 习题

10.2.1 单项选择题

1. Word 2010 文档默认的文件扩展名为(   )。
   A. txt   B. docx   C. dotx   D. ppt
2. 下列关于 Word 2010 文档窗口的说法中，正确的是(   )。
   A. 只能打开一个文档窗口
   B. 可以同时打开多个文档窗口，被打开的窗口都是活动窗口

C. 可以同时打开多个文档窗口,但其中只有一个是活动窗口

D. 可以同时打开多个文档窗口,但在屏幕上只能看到一个文档窗口

3. 在退出 Word 2010 时,如果有工作文档尚未存盘,系统的处理方法是(　　)。

　　A. 直接退出

　　B. 按系统默认路径保存文档,并退出 Word 2010

　　C. 会弹出一个保存文档的对话框

　　D. 按系统默认路径和文件名保存文档,并退出 Word 2010

4. 在 Word 2010 中,"打开文档"的作用是(　　)。

　　A. 将指定的文档从内存储器中读入外存储器,并显示出来

　　B. 为指定的文档打开一个空白窗口

　　C. 将指定的文档从外存储器中读入内存储器,并显示出来

　　D. 显示并打印指定文档的内容

5. 在 Word 2010 中,如果已存在一个名为 nol. docx 的文件,要想将它换名为 NEW. docx,可以选择(　　)命令。

　　A. 另存为　　　　　B. 保存　　　　　C. 全部保存　　　　　D. 新建

6. 在 Word 2010 工作过程中,当光标位于文档中某处,输入字符时,通常有两种输入方式是(　　)。

　　A. 插入与改写　　　B. 插入与移动　　　C. 改写与复制　　　D. 复制与移动

7. 段落的标记是在输入(　　)之后产生的。

　　A. 句号　　　　　　　　　　　　B. Enter 键

　　C. Shift+Enter 键　　　　　　　D. 分页符

8. 关于选定文本内容的操作,如下叙述(　　)不正确。

　　A. 在文本选定区单击可选定一行

　　B. 可以通过鼠标拖曳或键盘组合键操作选定任何一块文本

　　C. 在文本选定区双击可选定整篇文档

　　D. Ctrl+A 快捷键可以选定全部内容

9. 在 Word 2010 中,按 Delete 键将删除(　　)。

　　A. 插入点前面的一个字符　　　　B. 插入点前面的所有字符

　　C. 插入点后面的一个字符　　　　D. 插入点后面的所有字符

10. 在 Word 2010 中,人工换行符是在按下(　　)键之后产生的。

　　A. 空格　　　　　B. Tab　　　　　C. Enter　　　　　D. Shift+Enter

11. 在使用 Word 2010 编辑文档时,假设插入点在第一段最末位置,如果按 Delete 键,其结果是(　　)。

　　A. 仅删除第一段最末行的最后一个字符

　　B. 删除第二段的第一个字符

　　C. 合并第一段和第二段

　　D. 把第一段落全部删除

12. 在 Word 2010 文档中,选择全文按(　　)键。

A. Ctrl+A   B. Shift+A   C. Alt+A   D. Ctrl+S

13. 在 Word 2010 中,如果要在文档中选定的位置添加另一个 docx 文件的全部内容,可使用"插入"选项卡中的(　　)命令。

    A. 数字   B. 图文框

    C. 对象   D. 对象下拉菜单中的"文件中的文字"

14. 在 Word 2010 中选定文本后,(　　)拖曳文本到目标位置即可实现文本的移动。

    A. 按住 Ctrl 键的同时   B. 按住 Esc 键的同时

    C. 按住 Alt 键的同时   D. 无须按键

15. 在 Word 2010 中,将插入点置于文档任意位置,打开"查找和替换"对话框,输入查找内容和替换内容后,单击"全部替换"按钮,则(　　)。

    A. 在整篇文档范围内查找并替换匹配的内容

    B. 从插入点开始向下查找指定的内容

    C. 从插入点开始向上查找并替换匹配的内容

    D. 没有选定内容,不能查找和替换

16. 在 Word 2010 的编辑状态,执行两次"复制"操作后,则剪贴板中(　　)。

    A. 仅有第一次被复制的内容   B. 仅有第二次被复制的内容

    C. 有两次被复制的内容   D. 无内容

17. 在 Word 2010 的编辑状态,使用拖动鼠标的方法移动文本时(　　)。

    A. 选择的内容不会被复制到剪贴板

    B. 被选择的内容被复制到剪贴板

    C. 插入点所在的段落内容被复制到剪贴板

    D. 光标所在的段落内容被复制到剪贴板

18. 在 Word 2010 中,复制文本的快捷键是(　　)。

    A. Ctrl+C   B. Ctrl+X   C. Ctrl+V   D. Ctrl+S

19. 移动光标到文件末尾的快捷键组合是(　　)。

    A. Ctrl+PgDn   B. Ctrl+PgUp   C. Ctrl+Home   D. Ctrl+End

20. 在编辑 Word 2010 文档时,选择某一段文字后,把鼠标指针置于选中文本的任一位置,按 Ctrl 键并单击不放,拖动到另一个位置才放开鼠标,这个操作是(　　)。

    A. 复制文本   B. 移动文本   C. 替换文本   D. 删除文本

21. 在 Word 2010 中查找和替换文字时,若操作错误则(　　)。

    A. 可用"撤销"来恢复   B. 必须手工恢复

    C. 无可挽回   D. 有时可恢复,有时就无可挽回

22. 在 Word 2010 文档中,"插入"选项卡中的"书签"命令是用来(　　)。

    A. 快速定位文档   B. 快速移动文本

    C. 快速浏览文档   D. 快速复制文档

23. 在 Word 2010 编辑时,文字下面有红色波浪线表示(　　)。

    A. 已修改过的文档   B. 对输入的确认

    C. 可能是拼写错误   D. 可能是语法错误

24. Word 2010 不可编辑（　　）文件。
　　A. ＊.dox 　　　　B. ＊.txt 　　　　C. ＊.wps 　　　　D. ＊.exe

25. 在 Word 2010 文档中，要拒绝所做的修订，可以使用（　　）选项卡中的命令来完成。
　　A. 常用 　　　　B. 任务窗格 　　　　C. 审阅 　　　　D. 格式

26. 在 Word 2010 中，系统默认的中文字体是（　　）。
　　A. 黑体 　　　　B. 宋体 　　　　C. 仿宋体 　　　　D. 楷体

27. 在 Word 2010 中，系统默认的中文字体的字号是（　　）号。
　　A. 三 　　　　B. 四 　　　　C. 五 　　　　D. 六

28. 在 Word 2010 中，如果要为选取的文档内容加上波浪下画线，可使用"开始"选项卡下的（　　）组。
　　A. 字体 　　　　B. 段落 　　　　C. 制表位 　　　　D. 样式

29. 在 Word 2010 中，如果要调整行距，可使用"开始"选项卡下的（　　）组。
　　A. 字体 　　　　B. 段落 　　　　C. 制表位 　　　　D. 样式

30. 在段落对齐的方式中，（　　）方式能使段落中的每一行（包括段落结束行）都能与左右边缩进对齐。
　　A. 左对齐 　　　　B. 两端对齐 　　　　C. 居中对齐 　　　　D. 分散对齐

31. 对于一段两端对齐的文字，只选其中的几个字符，单击"居中"按钮，则（　　）。
　　A. 整个文档变为居中格式 　　　　B. 只有被选中的文字变为居中格式
　　C. 整个段落变为居中格式 　　　　D. 格式不变，操作无效

32. 在 Word 2010 中，与打印机输出完全一致的视图称为（　　）视图。
　　A. 普通 　　　　B. 大纲 　　　　C. 页面 　　　　D. 主控文档

33. 如果规定某一段的首行左端起始位置在该段落其余各行左端的左面，这称为（　　）。
　　A. 左缩进 　　　　B. 右缩进 　　　　C. 首行缩进 　　　　D. 悬挂缩进

34. 在 Word 2010 的编辑状态，文档窗口显示出水平标尺，拖动水平标尺上沿的"首行缩进"滑块，则（　　）。
　　A. 文档中各段落的首行起始位置都重新确定
　　B. 文档中被选择的各段落首行起始位置都重新确定
　　C. 文档中各行的起始位置都重新确定
　　D. 插入点所在行的起始位置重新确定

35. 若要设置段落的首行缩进，应拖动标尺上的（　　）按钮。
　　A. 　　　　B. 　　　　C. 　　　　D. 以上都不可以

36. 在 Word 2010 中，如果要为文档加上页码，可使用（　　）选项卡中的"页码"命令。
　　A. 文件 　　　　B. 编辑 　　　　C. 插入 　　　　D. 格式

37. 在 Word 2010 中，如果想为文档加上页眉和页脚，可使用（　　）选项卡中的"页眉"和"页脚"命令。
　　A. 开始 　　　　B. 视图 　　　　C. 插入 　　　　D. 邮件

38. 下列关于 Word 2010 中分栏的说法不正确的是(　　)。
    A. "分栏"命令在"页面布局"选项卡中
    B. 在分栏文本的结尾处插入"连续"型分节符可设置等长栏
    C. 分栏数可以调整
    D. 各栏之间的间距是固定的

39. 下列有关文档分页的叙述,错误的是(　　)。
    A. 分页符和正文内容一起打印
    B. 可以自动分页,也可以人工分页
    C. 在普通视图下,将插入点置于人工分页符上,按 Delete 键可以删除该分页符
    D. 分符页标志着前一页的结束,新一页的开始

40. 如果文档中的内容在一页没满的情况下需要强制换页,(　　)。
    A. 不可以这样做　　　　　　　　B. 插入分页符
    C. 插入分节符　　　　　　　　　D. 多按几次 Enter 键直到出现下一页

41. 在 Word 2010 中,对于页眉、页脚的编辑,下列叙述不正确的是(　　)。
    A. 文档内容和页眉、页脚可在同一窗口编辑
    B. 文档内容和页眉、页脚一起打印
    C. 编辑页眉、页脚时不能编辑文档内容
    D. 页眉、页脚中也可以进行格式设置和插入剪贴画

42. 在 Word 2010 中,要将页面大小规格由默认的 A4 改为 B5,应选择"页面布局"选项卡中"页面设置"命令中的(　　)选项卡。
    A. 页边距　　　　B. 文档网格　　　　C. 版式　　　　D. 纸张

43. 双击"格式刷"可将一种格式从一个区域一次复制到(　　)个区域。
    A. 3　　　　B. 多　　　　C. 1　　　　D. 2

44. 要对一个文档中多个不连续的段落设置相同的格式,最高效的操作办法是(　　)。
    A. 插入点定位在样板段落处,单击 按钮,再将鼠标指针拖过其他多个需格式的段落
    B. 选用同一个"样式"来格式化这些段落
    C. 选用同一个"模板"来格式化这些段落
    D. 利用"替换"命令来格式化这些段落

45. Word 2010 中格式刷的用途是(　　)。
    A. 选定文字和段落　　　　　　　B. 抹去不需要的文字和段落
    C. 复制已选中的字符　　　　　　D. 复制已选中的字符和段落的格式

46. 在 Word 2010 中,下列关于模板的说法中,正确的是(　　)。
    A. 模板的扩展名是 txt
    B. 用户不能修改系统预置的模板
    C. 模板是一种特殊的文档,它决定文档的基本结构和样式,作为其他同类文档的模型
    D. 用户不能自己创建专用模板

47. 确切地说,Word 2010 的样式是一组( )的集合。

    A. 字符格式   B. 段落格式   C. 控制符   D. 格式

48. 在 Word 2010 中,如果插入的表格的内、外框线是虚线,要想将框线变成实线,在( )对话框中实现。

    A. 虚线   B. 边框和底纹   C. 表格   D. 制表位

49. 在 Word 2010 中,如果当前插入点在表格中某行的最后一个单元格的外框线上,按 Enter 键后,( )。

    A. 插入点所在行加高   B. 插入点所在列加宽

    C. 在插入点所在行下增加一行   D. 对表格不起作用

50. 在 Word 2010 中要建立一个表格,方法是( )。

    A. 用↑、↓、→、←光标键画表格

    B. 用 Alt 键、Ctrl 键和↑、↓、→、←光标键画表格

    C. 用 Shift 键和↑、↓、→、←光标键画表格

    D. 选择"插入"选项卡中的"表格"命令

51. 在 Word 2010 表格中,如果将两个单元格合并,原有两个单元格的内容( )。

    A. 不合并   B. 完全合并   C. 部分合并   D. 有条件地合并

52. 在 Word 2010 中的"表格属性"对话框中,表格的对齐方式中不存在的是( )。

    A. 左对齐   B. 两端对齐   C. 右对齐   D. 居中对齐

53. 对于 Word 2010 中的表格,错误的叙述是( )。

    A. 在表格的单元格中,除了可以输入文字、数字外,还可以插入图片

    B. 表格中的数据可以按行进行排序

    C. 可将表格中同一行的各单元格设置成不同高度

    D. 可以在"表格属性"对话框中设置表格在页面中的对齐方式

54. 在 Word 2010 中,若要对表格的一行数据求和,正确的公式是( )。

    A. =SUM(above)   B. =AVERAGE(left)

    C. =SUM(left)   D. =AVERAGE(above)

55. 在 Word 2010 中,如果要在文档中选定的位置加入一幅图片,可使用( )选项卡中的"图片"命令。

    A. 编辑   B. 视图   C. 插入   D. 工具

56. 利用 Word 2010 编辑文档时,插入剪贴画后其默认的环绕方式为( )。

    A. 紧密型   B. 浮于文字上方   C. 嵌入式   D. 衬于文字下方

57. 插入剪贴画后,如要改变图片大小而又保持长宽比例不变,可以用鼠标拖动图片的( )。

    A. 中间   B. 边缘   C. 顶角   D. 任意位置

58. ( )确保绘制的直线一定水平或垂直。

    A. 绘制直线时,按鼠标左右两键拖动鼠标

    B. 绘制直线时,按 Shift 键,按下左键拖动鼠标

    C. 绘制直线时,按 Ctrl 键,按下左键拖动鼠标

D. 绘制直线时,按下右键拖动鼠标

59. 关于 Word 2010 的文本框有下列 4 种说法,正确的是(　　)。

　　A. 文本框在移动时可作为整体移动

　　B. 文本框的大小不能随意缩放

　　C. 不能取消文本框的边框

　　D. 文本框不能复制

60. 打印页码"2-5,10,12"表示打印的是(　　)。

　　A. 第 2 页,第 5 页,第 10 页,第 12 页　　　　B. 第 2～5 页,第 10～12 页

　　C. 第 2～5 页,第 10 页,第 12 页　　　　D. 第 2 页,第 5 页,第 10～12 页

10.2.2　填空题

1. Word 2010 文档默认的扩展名为_____。

2. _____栏位于 Word 2010 窗口的最下方,用来显示当前正在编辑的页数、字数、状态等信息。

3. 在 Word 2010 中,按_____快捷键与快速访问工具栏上的保存按钮功能相同。

4. 在 Word 2010 中,按_____快捷键可以选定文档中的所有内容。

5. Word 2010 中,按 Ctrl＋Home 快捷键可以将插入光标移动到_____。

6. 在 Word 2010 中一种选定矩形文本块的方法是按住_____键的同时用鼠标拖动。

7. 如果要选定较长的文档内容,可先将光标定位于其起始位置,再按住_____键,单击其结束位置即可。

8. 在 Word 2010 文档编辑过程中,如果先选定了文档内容,再按住 Ctrl 键并拖动鼠标至另一位置,即可完成选定文档内容的_____操作。

9. Word 2010 中剪切命令的快捷键是_____。

10. 在 Word 2010 中,_____快捷键与工具栏上的粘贴功能相同。

11. 在 Word 2010 中,输入的字符覆盖插入点后的字符的输入方式称为_____。

12. 在 Word 2010 文档编辑中,经常采用两种方式移动文本:①用鼠标移动文本(适用于近距离移动文本);②使用_____移动文本(适用于远距离移动文本)。

13. 如果放弃刚刚进行的一个文档内容操作,只需单击快速访问工具栏上的_____按钮即可。

14. _____是 Word 2010 的默认视图,其显示效果反映了打印后的真实效果,即是一种"所见即所得"的显示方式。

15. 在_____视图中,可以折叠文档,只查看主标题,也可扩展文档,以便查看整个文档。

16. 在 Word 2010 中,要清除制表位,除使用"制表位"对话框外,一种简便的方法是使用水平标尺,其操作是_____。

17. _____对话框提供了设置段落格式的最全面的方式。

18. ＿＿＿＿＿＿＿＿缩进是指段落中除第一行以外的其他行向右缩进。

19. ＿＿＿＿＿＿＿＿缩进是段落的第一行的开头向内缩进，一般一段文字的第一行的开始位置空两个字符，就是通过该缩进控制。

20. 设置分栏，要在＿＿＿＿＿＿＿＿选项卡"页面设置"组中选择"分栏"命令。

21. Word 2010中除了使用样式外，还可使用＿＿＿＿＿＿＿＿进行字符和段落格式的复制。

22. Word 2010的样式是一组已命名的字符格式和＿＿＿＿＿＿＿＿格式的组合。

23. 在 Word 2010 中，可以通过＿＿＿＿＿＿＿＿标尺来修改表格中列的宽度。

24. 在 Word 2010 文档中，在选择单元格后，可进行的操作有插入、移动、＿＿＿＿＿＿＿＿、合并和删除等。

25. 在 Word 2010 中，为表格填写数据时，按＿＿＿＿＿＿＿＿键可将插入点移向右边的单元格内。

26. 在 Word 2010 中，插入的图片有＿＿＿＿＿＿＿＿和＿＿＿＿＿＿＿＿两种显示形式。默认情况下，插入的图片是＿＿＿＿＿＿＿＿图片。

27. 在图形编辑状态中，单击"矩形"按钮，按＿＿＿＿＿＿＿＿键的同时拖动鼠标，可以画出正方形。

10.2.3　判断题

1. 在 Word 2010 中只能创建扩展名为.docx 的文件。　　　　　　　　　　　（　　）

2. 使用 Word 2010 进行文档编辑时，单击"关闭"按钮后，如有尚未保存的文档，Word 2010 会自动保存它们后再退出。　　　　　　　　　　　　　　　　　（　　）

3. 当打开 Word 2010 文档后，插入点总是在上次最后存盘时的位置。　　　（　　）

4. 用 Word 2010 编辑文档时，输入的内容满一行时必须按 Enter 键开始下一行。
　　　　　　　　　　　　　　　　　　　　　　　　　　　　　　　　　　　　（　　）

5. Word 2010 编辑文档时，不能将其他 Word 2010 文档导入。　　　　　　（　　）

6. 删除和剪切操作都能将选定的文本从文档中去掉。但是，剪切操作时，删除的内容会保存到剪贴板中；删除操作时，删除的内容则不进入剪贴板。　　　　（　　）

7. Word 2010 中，可以利用标尺调整文字和段落缩进。　　　　　　　　　（　　）

8. Word 2010 中，设置段落格式为"左缩进 2 字符"同"首行缩进 2 字符"的效果一致。　　　　　　　　　　　　　　　　　　　　　　　　　　　　　　　　　　　（　　）

9. 若要设置文档背景，应该选择"视图"选项卡。　　　　　　　　　　　（　　）

10. Word 2010 中，既可以设置页面背景颜色，也可以将图片作为页面的背景。
　　　　　　　　　　　　　　　　　　　　　　　　　　　　　　　　　　　　（　　）

11. 单击"插入"选项卡"页眉和页脚"组中的"页眉"按钮，在下拉菜单中选择"删除页眉"命令可删除文档页眉。　　　　　　　　　　　　　　　　　　　　　　　（　　）

12. Word 2010 中，不能单独设置文档首页的页眉和页脚。　　　　　　　（　　）

13. Word 2010 中，用户可以将自己设置的字符或段落格式设置为新样式，并保存下来。　　　　　　　　　　　　　　　　　　　　　　　　　　　　　　　　　　　（　　）

14. 使用样式不仅可以轻松快捷地编排具有统一格式的段落,而且可以使文档格式严格保持一致。 （　　）

15. Word 2010 中,利用模板可以快速建立具有相同结构的文件。 （　　）

16. Word 2010 表格中,可以设置表格或单元格的底纹。 （　　）

17. 利用表格可以规划文档版面。 （　　）

18. Word 2010 中,选中整个表格,然后按 Delete 键,可以直接删除整个表格。

（　　）

19. Word 2010 中,选中表格中的一个单元格,按 Delete 键,可以删除该单元格。

（　　）

20. 公式"＝SUM(A1：A4)"表示对单元格 A1 和 A4 中的数据求和。 （　　）

21. 在 Word 2010 表格中,如要计算表格中一行数据的平均值,所用的函数应是 INT。 （　　）

22. 将表格转换为文本时,可以指定逗号、制表符、段落标记或其他字符作为转换时分隔文本的字符。 （　　）

23. 在文本框中只能输入文字表格,不能插入图形对象。 （　　）

24. 文本框内的文字可以单独进行格式化。 （　　）

25. 使用"绘图"工具绘制的图形组合后就不能修改。 （　　）

10.2.4　操作题

1. 打开实验素材中的文件"经营美丽.docx",对文本按照要求完成下列操作。

(1) 将文中所有的"魅力"一词替换为"美丽"。

(2) 将标题文字"经营美丽"设置为三号黑体、红色、加粗、居中,并为文字添加蓝色底纹,段后间距设置为 16 磅。

(3) 将正文各段文字设置为"仿宋—GB2312",各段落左右缩进 1cm,首行缩进 0.8cm,行距为 2 倍行距,段间间距为 9 磅。

(4) 正文第一段首字下沉,下沉行数为 2,距正文 0.2cm。

(5) 将正文第二段和第三段分为等宽的两栏,显示分隔线。

2. 建立表 10-1,按要求完成下列操作。

表 10-1　学生成绩表

姓名	英语	语文	数学
李嘉	67	78	76
张毅	89	74	90
赵兵	98	97	96
孙丁	76	56	60

(1) 将表格中的字体设置为宋体、五号,设置单元格中的文字水平居中,表格对齐方

式为居中。

（2）在表格的最后增加一列，列标题为"平均成绩"，计算每个学生的平均成绩并插入相应单元格内。

（3）将表格中的内容按"数学"成绩的递减次序排序。

3．打开实验素材中的文件"来自星星的你．docx"，将文本按要求进行操作。

（1）将正文设置为四号宋体，左缩进 2 个字符，首行缩进 2 个字符，行距为 1.5 倍行距。

（2）添加红色双实线页面边框。

（3）在段首插入任意图片，设置环绕方式为四周型，居中对齐。

（4）给文档插入页眉和页脚，页眉中的文字为"来自星星的你"，小五号字，居中；页脚中插入页码，包括"页码/总页数"信息，居中。

（5）设置页面为 A4，页边距上下为 2.3cm，左右为 2cm。

4．打开实验素材中的文件"职业概述．docx"，对文本按要求进行操作，并自定义样式。

（1）设置章标题（第 1 章职业概述）格式为三号字、黑体、居中、段前后各 1.5 行，定义此段格式样式为"一级标题"。

（2）设置节标题（1.1 职业概述）格式为四号字、楷体、加粗、左对齐、段前后各 1 行，定义此段格式样式为"二级标题"。

（3）设置三级标题（1.1.1 职业的含义）格式为小四号字、宋体、加粗、左对齐，定义此格式样式为"三级标题"。

（4）设置正文（除标题以外的文本）格式为五号字、宋体、左对齐、首行缩进 2 个字符，定义此段格式样式为"自定义正文"。

（5）使用上面定义好的样式，设置文档中其他标题和正文的格式。

5．以实验素材中的"收件人表．xlsx"为数据源，使用邮件合并向导创建信封，信封格式如图 10-1 所示。

图 10-1　邮件合并生成信封文档

第 11 章　电子表格软件 Excel 2010 学习指导与习题

11.1　学习提要

11.1.1　学习目标与要求

（1）掌握 Excel 2010 工作簿、工作表的基本操作。

（2）熟练掌握工作表（单元格）的各种编辑操作。

（3）掌握简单图表的创建方法。

（4）掌握如何利用 Excel 2010 对工作表数据进行基本的管理。

（5）掌握显示"开发工具"选项卡、宏的录制和宏的应用。

（6）熟悉 Excel 2010 工作表打印方法。

11.1.2　主要知识点

1. Excel 2010 的基本操作

（1）工作簿文件的基本操作。

（2）工作表的基本操作。

2. 工作表的编辑与格式化

（1）数据的输入与编辑。单元格的选定，单元格、行和列的插入和删除，单元格数据的输入，自动填充数据，数据有效性设定，删除数据，复制、粘贴数据。

（2）公式和函数的使用。常用运算符，单元格的引用，公式的输入，函数的使用，公式的复制和移动。

（3）工作表的格式化操作。单元格格式的设置，条件格式的使用，自动套用格式。

3. 图表的使用

（1）创建图表。

（2）图表的格式化与编辑。

4. 数据管理

（1）数据清单的使用。

（2）数据的排序与筛选，简单排序、复杂排序，自动筛选、高级筛选。

（3）分类汇总。简单分类汇总、嵌套分类汇总。

（4）数据透视表和数据透视图。

（5）宏的操作。"开发工具"选项卡，宏的录制，宏的应用。

5. 页面设置与打印

页面设置、打印预览与输出。

11.2 习题

11.2.1 单项选择题

1. Excel 2010 环境中，用来储存并处理工作表数据的文件称为（　　）。

 A. 单元格   B. 工作区   C. 工作簿   D. 工作表

2. Excel 2010 可同时打开的工作簿数量是（　　）。

 A. 256 个   B. 任意多个

 C. 512 个   D. 受可用内存和系统资源的限制

3. Excel 2010 工作簿文件的扩展名为（　　）。

 A. docx   B. txt   C. xlsx   D. xls

4. Excel 2010 中处理并存储数据的基本工作单位称为（　　）。

 A. 工作簿   B. 工作表   C. 单元格   D. 活动单元格

5. 在 Excel 2010 的一个工作簿中，系统默认的工作表数是（　　）个。

 A. 8   B. 16   C. 3   D. 任意多

6. 一个 Excel 2010 工作表的大小为 65 536 行乘以（　　）列。

 A. 200   B. 256   C. 300   D. 456

7. Excel 2010 的主要功能是（　　）。

 A. 电子表格、文字处理、数据库管理

 B. 电子表格、网络通信、图表处理

 C. 工作簿、工作表、单元格

 D. 电子表格、数据库管理、图表处理

8. 全选按钮位于 Excel 2010 窗口的（　　）。

 A. 工具栏中   B. 左上角，行号和列标在此相汇

 C. 编辑栏中   D. 底部，状态栏中

9. Excel 2010 工作簿中既有一般工作表又有图表，当选择"文件"中的"保存文件"命令时，Excel 2010 将（　　）。

 A. 只保存其中的工作表   B. 只保存其中的图表

 C. 工作表和图表保存到同一文件中   D. 工作表和图表保存到不同文件中

10. 打开 Excel 2010 工作簿一般是指（　　）。

    A. 把工作簿内容从内存中读出，并显示出来

    B. 为指定工作簿开设一个新的、空的文档窗口

    C. 把工作簿的内容从外存储器读入内存储器，并显示出来

    D. 显示并打印指定工作簿的内容

11. 在工作簿中移动和复制工作表，以下正确的是（　　）。

    A. 工作表只能在所在工作簿内移动不能复制

    B. 工作表只能在所在工作簿内复制不能移动

    C. 工作表可以移动到其他工作簿内，不能复制到其他工作簿内

    D. 工作表可以移动到其他工作簿内，也可以复制到其他工作簿内

12. 在 Excel 2010 的单元格内输入日期时，年、月、日分隔符可以是（　　）（不包括引号）。

    A. "/"或"-"　　　　B. "."或"|"　　　　C. "/"或"\"　　　　D. "\"或"-"

13. 在 Excel 2010 中，当用户希望使标题位于表格中央时，可以使用对齐方式中的（　　）。

    A. 置中　　　　B. 合并及居中　　　　C. 分散对齐　　　　D. 填充

14. 在 Excel 2010 中，若对某工作表重新命名，可采用（　　）。

    A. 单击工作表选项卡　　　　B. 双击工作表选项卡

    C. 单击表格标题栏　　　　D. 双击表格标题栏

15. 在 Excel 2010 工作表单元格的字符串超过该单元格的显示宽度时，下列叙述不正确的是（　　）。

    A. 该字符串不可能占用其左侧单元格的显示空间全部显示出来

    B. 该字符串可能占用其右侧单元格的显示空间全部显示出来

    C. 该字符串可能只在其所在单元格的显示空间部分显示出来，多余部分被其右侧单元格中的内容覆盖

    D. 该字符串可能只在其所在单元格的显示空间部分显示出来，多余部分被删除

16. 工作表中表格大标题对表格居中显示的方法是（　　）。

    A. 在标题行处于表格宽度居中位置的单元格输入表格标题

    B. 在标题行任一单元格输入表格标题，然后单击"居中"工具按钮

    C. 在标题行任一单元格输入表格标题，然后单击"合并及居中"工具按钮

    D. 在标题行处于表格宽度范围内的单元格中输入标题，选定标题行处于表格宽度范围内的所有单元格，然后单击"合并及居中"按钮

17. 在 Excel 2010 中，不可作为数字描述使用的字符是（　　）。

    A. e 或 E　　　　B. %　　　　C. f 或 F　　　　D. /

18. 在 Excel 2010 工作表单元格中输入合法的日期，下列输入中不正确的是（　　）。

    A. 4/18/99　　　　B. 1999-4-18　　　　C. 4,18,1999　　　　D. 1999/4/18

19. 在 Excel 2010 工作表单元格中输入字符型数据 5118，下列输入中正确的是（　　）。

    A. '5118　　　　B. "5118　　　　C. "5118"　　　　D. '5118'

20. 如果要在单元格中输入当前的日期，需按（　　）快捷键。

A. Ctrl＋;(分号)　B. Ctrl＋Enter　　C. Ctrl＋:(冒号)　D. Ctrl＋Tab

21. 设 A1 单元格中有公式＝SUM(B2:D5),在 C3 单元格插入一列,再删除一行,则 A1 中的公式变为(　　)。

A. ＝SUM(B2:E4)　　　　　　　B. ＝SUM(B2:E5)

C. ＝SUM(B2:D3)　　　　　　　D. ＝SUM(B2:E3)

22. 假定单元格内的数字为 2002,将其格式设定为"＃,＃＃0.00",则将显示为(　　)。

A. 2,002.00　　B. 2.002　　　　C. 2,002　　　D. 2002.0

23. 单元格 A1 为数值 1,在 B1 输入公式"＝IF(A1＞0,"Yes","No")",结果 B1 为(　　)。

A. Yes　　　　B. No　　　　　C. 不确定　　　D. 空白

24. 某个 Excel 2010 工作表 C 列所有单元格的数据是利用 B 列相应单元格数据通过公式计算得到的,此时如果将该工作表 B 列删除,那么,删除 B 列操作对 C 列(　　)。

A. 不产生影响

B. 产生影响,但 C 列中的数据正确无误

C. 产生影响,C 列中数据部分能用

D. 产生影响,C 列中的数据失去意义

25. Excel 2010 中提供的图表大致可以分为嵌入式图表和(　　)。

A. 柱型图图表　　B. 条形图图表　　C. 折线图图表　　D. 独立式图表

26. 关于创建图表,下列说法中错误的是(　　)。

A. 创建图表除了嵌入式图表、独立式图表之外,还可以手工绘制

B. 嵌入式图表是将图表与数据同时置于一个工作表内

C. 独立式图表与数据分别安排在两个工作表中,故又称为独立式图表

D. 图表生成之后,可以对图表类型、图表元素等进行编辑

27. 在 Excel 2010 中创建嵌入式图表,需要用(　　)找到"图表"组。

A. "开始"选项卡　　　　　　　B. "图表"选项卡

C. "数据"选项卡　　　　　　　D. "插入"选项卡

28. 在 Excel 2010 中,对数据表做分类汇总前必须先(　　)。

A. 按任意列排序　　　　　　　B. 按分类列排序

C. 进行筛选操作　　　　　　　D. 选中分类汇总数据

29. 在 Excel 2010 中某个单元格中输入文字,若要文字能自动换行,可利用"单元格格式"对话框的(　　)选项卡,选择"自动换行"。

A. 数字　　　　B. 对齐　　　　C. 图案　　　　D. 保护

30. 在 Excel 2010 中,利用填充柄可以将数据复制到相邻单元格中,若选择含有数值的左右相邻的两个单元格,左键拖动填充柄,则数据将以(　　)填充。

A. 等差数列　　　　　　　　　B. 等比数列

C. 左单元格数值　　　　　　　D. 右单元格数值

31. 在 Excel 2010 中,运算符 ＆ 表示(　　)。

A. 逻辑值的与运算　　　　　　　　B. 子字符串的比较运算

C. 数值型数据的无符号相加　　　　D. 字符型数据的连接

32. Excel 2010 中,要在公式中使用某个单元格的数据时,应在公式中输入该单元格的( )。

A. 格式　　　　　B. 附注　　　　　C. 条件格式　　　D. 名称

33. 在 Excel 2010 公式复制时,为使公式中的( ),必须使用绝对地址(引用)。

A. 单元格地址随新位置而变化　　　B. 范围随新位置而变化

C. 范围不随新位置而变化　　　　　D. 范围大小随新位置而变化

34. 在 Excel 2010 的数据清单中,若根据某列数据对数据清单进行排序,可以利用 "数据"选项卡上的"降序"按钮,下列操作不正确的是( )。

A. 选取该列数据　　　　　　　　　B. 选取整个数据清单

C. 单击该列数据中任一单元格　　　D. 单击数据清单中任一单元格

35. 在 Excel 2010 数据清单中,按某一字段内容进行归类,并对每一类做出统计的操作是( )。

A. 分类排序　　　　B. 分类汇总　　　　C. 筛选　　　　　D. 记录单处理

36. 用筛选条件"数学>65 与总分>250"对成绩数据表进行筛选后,在筛选结果中都是( )。

A. 数学分>65 的记录　　　　　　　B. 数学分>65 且总分>250 的记录

C. 总分>250 的记录　　　　　　　D. 数学分>65 或总分>250 的记录

37. Excel 2010 中,清除和删除的意义:( )。

A. 完全一样

B. 清除是指对选定的单元格和区域内的内容做清除,单元格依然存在;而删除则是将选定的单元格和单元格内的内容一并删除

C. 删除是指对选定的单元格和区域内的内容做清除,单元格依然存在;而清除则是将选定的单元格和单元格内的内容一并删除

D. 清除是指对选定的单元格和区域内的内容做清除,单元格的数据格式和附注保持不变;而删除则是将单元格、单元格数据格式和附注一并删除

38. 在 Excel 2010 中,关于公式"Sheet2! A1+A2"表述正确的是( )。

A. 将工作表 Sheet2 中 A1 单元格的数据与本表单元格 A2 中的数据相加

B. 将工作表 Sheet2 中 A1 单元格的数据与单元格 A2 中的数据相加

C. 将工作表 Sheet2 中 A1 单元格的数据与工作表 Sheet2 中单元格 A2 中的数据相加

D. 将工作表中 A1 单元格的数据与单元格 A2 中的数据相加

39. 在 Excel 2010 中,公式"=SUM(B2,C2:E3)"的含义是( )。

A. =B2+C2+C3+D2+D3+E2+E3

B. =B2+C2+E3

C. =B2+C2+C3+E2+E3

D. =B2+C2+C3+D2+D3

40. 在 Excel 2010 中,A5 单元格的值是 A3 单元格值与 A4 单元格值之和的负数,则公式可写为(   )。

    A. =A3+A4   B. =−A3−A4   C. =A3+A4   D. =−A3+A4

41. 在 Excel 2010 中,可以同时复制选定的数张工作表,方法是选定一个工作表,按 Ctrl 键选定多个不相邻的工作表,然后放开 Ctrl 键将选定的工作表沿选项卡拖动到新位置,松开鼠标左键,如果选定的工作表并不相邻,那么复制的工作表(   )。

    A. 仍会一起被插入到新位置   B. 不能一起被插入到新位置

    C. 只有一张工作表被插入到新位置   D. 出现错误信息

42. 在 Excel 2010 中,公式"COUNT(C2:E3)"的含义是(   )。

    A. 计算区域 C2:E3 内数值的和   B. 计算区域 C2:E3 内数值的个数

    C. 计算区域 C2:E3 内字符个数   D. 计算区域 C2:E3 内数值为 0 的个数

43. 在 Excel 2010 升序排序中,如果由某一列来做排序,那么在该列上有完全相同项的行将(   )。

    A. 保持它们的原始次序   B. 逆序排列

    C. 显示出错信息   D. 排序命令被拒绝执行

44. 在 Excel 2010 中,运算符的作用是(   )。

    A. 用于指定对操作数或单元格引用数据执行何种运算

    B. 对数据进行分类

    C. 将数据的运算结果赋值

    D. 在公式中必须出现的符号,以便操作

45. Excel 2010 工作表区域 A2:C4 中有(   )个单元格。

    A. 3   B. 6   C. 9   D. 12

46. Excel 2010 拆分工作表的目的是(   )。

    A. 把一个大的工作表分成两个或多个小的工作表

    B. 把工作表分成多个,以便于管理

    C. 使表的内容分开,分成明显的两部分

    D. 当工作表很大时,用户可以通过拆分工作表的方法看到工作表的不同部分

47. 在 Excel 2010 中,单元格中文本数据默认的水平对齐方式为(   )。

    A. 靠左对齐   B. 靠右对齐   C. 居中对齐   D. 两端对齐

48. 在 Excel 2010 升序排序中,在排序列中有空白单元格的行会(   )。

    A. 不被排序   B. 保持原始次序

    C. 放置在排序的数据最前   D. 放置在排序的数据清单最后

49. 在 Excel 2010 工作表中,当前单元格的填充柄在其(   )。

    A. 左上角   B. 右上角   C. 左下角   D. 右下角

50. 下列不属于 Excel 2010 基本功能的是(   )。

    A. 文字处理   B. 强大的计算功能

    C. 表格制作   D. 丰富的图表和数据管理

51. 在 Excel 2010 中,可通过(   )选项卡"格式"下拉菜单的"设定单元格格式"命

令来改变数字的格式。

    A. 插入   B. 公式   C. 开始   D. 数据

52. 建立 Excel 2010 图表后,可以对图表进行改进,在图表上不能进行的改进是(   )。

    A. 显示或隐藏 x 轴和 y 轴的轴线

    B. 改变图表各部分的比例,引起工作表数据的改变

    C. 为图表加边框和背景

    D. 为图表添加标题或为坐标轴加标题

53. 在 Excel 2010 中筛选后的清单仅显示那些包含了某一特定值或符合一组条件的行,而其他行(   )。

    A. 暂时隐藏   B. 被删除

    C. 被改变   D. 暂时放在剪贴板上,以便恢复

54. 在 Excel 2010 中,工作表和工作簿的关系是(   )。

    A. 工作表即是工作簿   B. 工作簿中可包含多张工作表

    C. 工作表中包含多个工作簿   D. 两者无关

55. 在 Excel 2010 默认建立的工作簿中,用户对工作表(   )。

    A. 可以增加或删除   B. 不可以增加或删除

    C. 只能增加   D. 只能删除

56. 在 Excel 2010 中,设 E 列单元格存放工资总额,F 列单元格用于存放实发工资。其中,当工资总额>800 元时,实发工资=工资总额-(工资总额-800)×税率;当工资总额≤800 元时,实发工资=工资总额。设税率=0.05,则 F 列可用公式实现。其中 F2 的公式应为(   )。

    A. =IF(E2>800,E2-(E2-800)*0.05,E2)

    B. =IF(E2>800,E2,E2-(E2-800)*0.05)

    C. =IF("E2>800",E2-(E2-800)*0.05,E2)

    D. =IF("E2>800",E2,E2-(E2-800)*0.05)

57. 在 Excel 2010 中,函数可以成为其他函数的(   )。

    A. 变量   B. 常量   C. 公式   D. 参数

58. 在 Excel 2010 工作簿中既有工作表又有图表,当执行"保存"命令时,则(   )。

    A. 只保存工作表文件

    B. 只保存图表文件

    C. 分成两个文件来保存

    D. 将工作表和图表作为一个文件来保存

59. 在 Excel 2010 中,对工作表内容的操作就是针对具体(   )的操作。

    A. 单元格   B. 工作表   C. 工作簿   D. 数据

60. 在 Excel 2010 中,设 A1 单元格内容为 2014-10-1,A2 单元格内容为 2,A3 单元格的内容为"=A1+A2",则 A3 单元格显示的数据为(   )。

    A. 2016-10-1   B. 2014-12-1   C. 2014-10-3   D. 2014-10-12

61. 使用"高级筛选"命令对数据清单进行筛选时,在条件区域不同行中输入两个条件,它们之间的关系是(   )。

    A. 逻辑非　　　　　B. 逻辑或　　　　　C. 逻辑与　　　　　D. 逻辑异或

62. 对数据清单进行分类汇总之前应该(   )。

    A. 先按照分类字段对数据清单进行筛选

    B. 先对数据清单进行排序,但对排序字段没有要求

    C. 先按照分类字段对数据清单进行排序

    D. 没有特殊要求

63. 活动单元格的地址显示在(   )内。

    A. 工具栏　　　　　B. 编辑栏　　　　　C. 名称框　　　　　D. 菜单栏

64. 公式中表示绝对单元格地址时使用(   )符号。

    A. *　　　　　　　　B. $　　　　　　　　C. #　　　　　　　D. 以上都不对

65. 当向一个单元格粘贴数据时,粘贴数据(   )单元格中原有的数据。

    A. 取代　　　　　　B. 加到　　　　　　C. 减去　　　　　　D. 以上都不对

66. 如果单元格的数太大显示不下时,一组(   )显示在单元格内。

    A. !　　　　　　　　B. ?　　　　　　　　C. #　　　　　　　D. *

67. (   )可以作为函数的参数。

    A. 单元格　　　　　B. 区域　　　　　　C. 数　　　　　　　D. 以上都可以

68. Excel 2010 能对多达(   )个不同的字段进行排序。

    A. 2　　　　　　　　B. 3　　　　　　　　C. 4　　　　　　　　D. 5

69. 选取"自动筛选"命令后,在清单上的(   )出现下拉式按钮图标。

    A. 列标题名处　　　　　　　　　　　B. 所有单元格内

    C. 空白单元格内　　　　　　　　　　D. 底部

70. 要在一个单元格中输入数据,这个单元格必须是(   )。

    A. 空的　　　　　　　　　　　　　　B. 定义为数据类型

    C. 当前单元格　　　　　　　　　　　D. 行首单元格

71. 以下关于宏的说法,不正确的是(   )。

    A. 宏是能够自动完成一个或者多个操作的组合

    B. 宏使用方便,不用记住各种语法,也不需要编程

    C. 宏可以是由很多操作系列组成的宏组

    D. 宏的创建方法有宏向导和宏设计视图两种方法

72. 以下对于宏组的描述,不正确的是(   )。

    A. 访问宏组中的宏的形式:宏组名.宏名

    B. 设计宏组是为了有效地管理宏

    C. 宏组中的各个宏之间没有任何的联系

    D. 保存宏组时,指定的名字和宏组中的宏名一定要相同

73. 若想取消自动宏的自动运行,打开数据库时应该按住(   )键。

    A. Alt　　　　　　　B. Shift　　　　　　C. Ctrl　　　　　　D. Enter

74. 能产生宏操作的是(　　　)。

    A. 创建宏　　　　　B. 编辑宏　　　　　C. 运行宏　　　　　D. 创建宏组

11.2.2　判断题

1. Excel 2010 中的工作簿是工作表的集合。　　　　　　　　　　　　　　(　　)

2. Excel 2010 中,图表一旦建立,其标题的字体、字形就不能改变了。　　(　　)

3. Excel 2010 中进行单元格复制时,无论单元格的内容是什么,复制出来的内容与原单元格总是完全一致的。　　　　　　　　　　　　　　　　　　　　　　(　　)

4. Excel 2010 中新建的工作簿里不一定只有 3 个工作表。　　　　　　　(　　)

5. Excel 2010 中分类汇总后的数据清单不能再恢复工作表的记录。　　　(　　)

6. 在某单元格输入"2/5",按 Enter 键后显示 2/5。　　　　　　　　　　(　　)

7. 在某单元格输入"'=18+2",按 Enter 键后显示 20。　　　　　　　　(　　)

8. Excel 2010 中,"="只能作为比较运算符使用。　　　　　　　　　　(　　)

9. 要在某工作表的第 5 行上方插入 3 行,应先选定 5、6、7 三行。　　　(　　)

10. Excel 2010 中,单元格内可直接编辑,也可以设置单元格内不允许编辑。(　　)

11. Excel 2010 中,输入函数时,函数名区分大小写。　　　　　　　　　(　　)

12. 函数 AVGERAGE(A2/A5) 表示求 A2、A3、A4、A5 单元格数据的平均值。

                                                   (　　)

13. 在 Excel 2010 中进行公式的复制时,绝对引用的单元格地址是不变的。(　　)

14. Excel 2010 中,单击"文件"选项卡的"打印"按钮,可以打开"打印"对话框。

                                                   (　　)

15. 工作表文件的扩展名是 xlsx。　　　　　　　　　　　　　　　　　　(　　)

16. 只选定一个单元格,不可以实现删除整行或整列。　　　　　　　　　(　　)

17. Excel 2010 中,混合引用的单元格,如果被复制到其他位置,其值一定发生变化。

                                                   (　　)

18. 在工作表中生成的嵌入式图表不能被单独打印。　　　　　　　　　　(　　)

19. 新建工作簿中,默认的工作表名为 Book1、Book2…　　　　　　　　(　　)

20. 数据清单是自动筛选,可以设置多个筛选条件,它们之间是逻辑或的关系。

                                                   (　　)

11.2.3　填空题

1. 工作表的单元格 C5 中有公式"=$B3+C2",将 C5 单元格的公式复制到 D7 单元格内,则 D7 单元格内的公式是_____。

2. 电子表格由行列组成的_____构成,行与列交叉形成的格子称为_____,_____是 Excel 2010 中最基本的存储单位,可以存放数值、变量、字符、公式等数据。

3. 每个存储单元有一个地址,由_____与_____组成,如 A2 表示_____列第

_____行的单元格。

4. 公式是指由_____、_____、_____、_____及_____组成的序列,公式总是以_____开头。

5. 在数据编辑框中将显示 3 个工具按钮,× 为_____,√ 为_____,＝为_____。

6. 公式被复制后,公式中参数的地址发生相应的变化,称为_____,公式被复制后,参数的地址不发生变化称为_____;相对地址与绝对地址混合使用称为_____。

7. 如果单元格宽度不够,无法以规定格式显示原始数值时,单元格会自动用_____填满。只要加大单元格宽度,数值即可显示出来。

8. 单元格内数据对齐方式的默认方式为文字靠_____对齐,数值靠_____对齐。逻辑与错误信息_____对齐。

9. 函数的一般格式为_____,在参数表中各参数间用_____分开,输入函数时前面要首先输入_____。

10. 在 Excel 2010 中,用黑色实线围住的单元格称为_____。

11. 单元格 C1＝＄A＄1＋B1,将公式复制到 C2 时,C2 的公式是_____。

12. 分类汇总是对数据清单按某个字段进行分类,将_____的记录作为一类,进行求和、计数、求平均值等汇总统计。分类汇总前,必须对汇总字段进行_____。

13. 自动筛选中,多个条件之间是_____关系;高级筛选中,多个条件之间除了可以是逻辑与的关系,还可以是_____关系。

14. Excel 2010 创建的图表有两种,分别是_____和_____。

11.2.4 操作题

1. 公式、函数练习。用图 11-1 中的原始数据,完成以下操作。

	A	B	C	D	E	F	G
1	消费调查表						
2	调查编号	姓名	总收入(年)	花费(年)	消费比例	剩余	收入水平
3	1001	张玲玲	83 734	42 345			
4	1002	刘银彬	25 428	12 389			
5	1003	王永光	3184	488.6			
6	1004	刘杰	64 932	12 367			
7	1005	梁景丽	9356	5500			
8	1006	刘娟	3238	1456			
9	1007	董桦	24 214	4589			
10	1008	赵葆光	8527	4367			
11	1009	赵子雄	13 109	8790			
12	1010	陆清平	43 954	3444			
13	1011	赵可忠	63 109	34 512			
14	1012	李天标	3107	435			
15	1013	李航	3213	3434			
16		平均值					

图 11-1 数据图(一)

(1) 利用公式填充 E3 单元格,消费比例＝花费/总收入。

(2) 利用公式填充 F3 单元格,剩余＝总收入－花费。

(3) 利用函数计算总收入和花费的平均值,分别填入 C16 和 D16 单元格。

（4）利用函数填充 G3 单元格。计算依据：总收入大于或等于 30 000 元的为"高收入"；大于或等于 20 000 元且小于 30 000 元的为"中等收入"；小于 20 000 元的为"低收入"。

（5）利用填充柄自动填充 E4:E15、F4:F15、G4:G15 单元格。

（6）设置 C、D、F 列为货币格式显示，并左对齐。E 列保留 2 位小数。

2. 图表练习。对第 1 题中计算出来的收入水平进行统计，如图 11-2 所示。引用"高收入""中等收入""低收入"行数据创建饼图。要求显示图表标题、数据标签。

3. 综合练习 1。以图 11-3 中的数据为原始数据，它存放在工作表 Sheet1 中，完成以下操作。

	A	B	C	D	E
1	某书店一天销售计算机类图书情况表				
2	出版社	图书系列	销售数量	销售单价	总销售额
3	人民	计算机文化基础	19	￥26	
4	人民	VB	16	￥35	
5	科学	VB	18	￥36	
6	高教	操作系统	20	￥38	
7	高教	VB	26	￥31	
8	清华	VC	18	￥46	
9	清华	计算机文化基础	30	￥28	
10	高教	VC	19	￥45	
11	人民	操作系统	28	￥36	
12	科学	计算机文化基础	50	￥25	

高收入	4
中等收入	2
低收入	7
总人数	13

图 11-2 数据图（二）　　　　　　图 11-3 数据图（三）

（1）完成"总销售额"的计算。

（2）在 A1 单元格中输入"某书店一天销售计算机类图书情况表"，并设为黑体、蓝色、16 号字。

（3）把第一行的"某书店一天销售计算机类图书情况表"合并居中（从 A～E 列）。

（4）把 A、B、C 3 列设为水平居中对齐、垂直居中对齐。

（5）把"销售单价""总销售额"设成货币格式，都不保留小数位。

（6）在 A 列前插入一列。

（7）使用条件格式，对于销售数量大于或等于 20 本的书，将其销售数量设为"浅红填充色深红色文本"。

（8）给数据外面加上蓝色双线的边框，内部用黑色单线。

（9）将数据以"出版社"升序排序。

（10）将当前工作表复制到 Sheet2。

（11）按"出版社"分别统计销售图书的总数。

（12）将分类汇总得到的出版社销售图书总数量作为数据源，制作三维饼图，标题为"出版社销售数量比例"，图例靠上，数据标签显示百分比，背景填充"信纸"纹理，嵌入到 Sheet1 的 F1:L15 区域。

（13）在工作表 Sheet2 中，做高级筛选，筛选出图书系列是"计算机文化基础"或销售单价大于或等于 45 元的图书，将筛选结果放在 A14:E19 区域。

（14）将 Sheet1 进行打印设置。要求：纸张方向为横向；页边距左右为 1.8cm、上 6.0cm、下 3.0cm，页面页脚 1.8cm；整个表格居中；页眉内容是"某书店一天销售计算机类图书情况表"，且居中；页脚内容格式为"第 1 页 共？页"，居中对齐。查看打印预览。

4．综合练习 2。对如图 11-4 所示的工作表做如下操作。

	A	B	C	D	E	F	G	H
1	职工编号	姓名	性别	职称	基础工资	津贴	水电费	实发工资
2	199006	张力方	男	副教授	3480		160	
3	199801	靳德芳	女	讲师	2620		40	
4	199316	刘欣	女	教授	4190		180	
5	199806	李敏君	女	教授	4760		256	
6	199002	胡嘉	男	副教授	3300		205	
7	199310	许建国	男	教授	4470		188	
8	199013	王尚云	女	教授	4470		246	
9	199802	高金宇	男	副教授	3300		210	
10	199001	余建	男	高级工程师	2980		198	
11	199810	司马剑	男	工程师	2620		110	
12	200612	阿依古丽	女	讲师	2540		10	
13	199808	杨光	男	讲师	2620		35	
14	200605	齐雪	女	副教授	3210		35	

图 11-4　数据图（四）

（1）利用公式和公式的复制，计算每人的津贴，其金额为基础工资的 60%；再计算每人的实发工资；将以上结果复制到 Sheet2 和 Sheet3 各一份。

（2）在 Sheet1 中第 1 行之前插入一个空白行，在 A1 单元格中输入文本"职工工资表"，设为隶书 22 磅，并跨 A1：H1 居中。

（3）对 Sheet1 中的数据排序，设主要关键字为"性别"升序排列，第二关键字按"基础工资"升序排列。

（4）对 Sheet1 中除标题之外的数据清单进行格式化：表格外框为粗线，内框为双线；第 2 行的文字方向为竖排，垂直和水平方向上均居中对齐，并加上粗线外边框；津贴、基础工资、水电费以及实发工资前显示货币符号（￥）。

（5）在 Sheet1 中，利用胡嘉、高金宇、张力方 3 人的基础工资和津贴的数据，插入三维簇状柱形图表，并设置图表选项：加标题"职工工资津贴图表"；数据标签显示值的大小；图例位于图表的右侧；整个图表填充"羊皮纸"纹理。将整个图表置于 Sheet1 中 A16：H32 的区域。

（6）对 Sheet2 中的数据进行分类汇总，按"职称"统计人数，并按"职称"统计基础工资的平均值和津贴的平均值，结果保留 2 位小数，只显示汇总结果。

（7）对 Sheet3 中的数据在 A15 开始的区域内做如样张所示数据透视表：职称为教授和副教授的教师，按"性别"统计基础工资的平均值，保留 2 位小数。

（8）对 Sheet3 中的数据进行筛选，显示出女教授的信息。

（9）对 Sheet1 进行如下页面设置，并打印预览。

① 纸张大小为 A4，表格打印设置为水平居中、垂直居中，上下边距为 1cm。

② 设置页眉为"职工工资表"，格式为居中、粗体，页脚设置为当前日期，靠右放置；不打印网格线，但打印工作表的行号和列号。

第 12 章 演示文稿软件 PowerPoint 2010 学习指导与习题

12.1 学习提要

12.1.1 学习目标与要求

（1）了解演示文稿软件 PowerPoint 2010 的基本概念，熟悉 PowerPoint 2010 的用户界面。

（2）熟练掌握演示文稿文件的创建，幻灯片的编辑，幻灯片中文本的输入、编辑与格式化。

（3）熟练掌握表格、图表、图片、公式、音频与视频等各种对象的插入、编辑与格式化。

（4）掌握幻灯片主题的使用，掌握主题颜色、字体、效果的编辑，以及背景样式的设置，掌握幻灯片母版的使用方法。

（5）掌握幻灯片切换的定义和动画效果的使用，掌握超链接和动作按钮的设置与编辑。

（6）掌握幻灯片多种放映方式的使用，了解演示文稿的多种输出方式。

12.1.2 主要知识点

1. PowerPoint 2010 演示文稿软件概述

（1）PowerPoint 2010 的用户界面。

（2）演示文稿的基本操作：创建、编辑、格式化、保存。

2. 幻灯片的制作

（1）幻灯片的插入、复制、移动、删除、隐藏、显示、放大缩小、更改顺序等操作。

（2）幻灯片中文本的输入、编辑与格式化。

（3）表格、图表、图片、公式、音频与视频等各种对象的插入、编辑与格式化。

（4）幻灯片主题的使用，主题颜色、字体、效果的编辑，背景样式的设置，幻灯片母版的使用方法。

3. 幻灯片动态效果

（1）设置幻灯片切换效果。

（2）设置幻灯片对象的动画效果。

4．演示文稿的放映和输出

（1）幻灯片多种放映方式的应用。

（2）演示文稿的多种输出方式。

12.2　习题

12.2.1　单项选择题

1．保存演示文稿时，默认的文件扩展名是（　　）。

　　A．docx　　　　　　B．pptx　　　　　　C．wpsx　　　　　　D．xlsx

2．在当前演示文稿中要插入一张新幻灯片，不可以采用（　　）方式。

　　A．选择"开始"选项卡中的"新建幻灯片"命令

　　B．在浏览窗格中选中某幻灯片后按 Enter 键

　　C．在某幻灯片上右击，选择"新建幻灯片"

　　D．选择"插入"选项卡中的"幻灯片"命令

3．标题幻灯片之后的第一张幻灯片的默认版式是（　　）

　　A．空白　　　　　B．内容与标题　　　C．仅内容　　　　D．仅标题

4．PowerPoint 2010 与 Word 2010 相比，不是其特有区域的是（　　）

　　A．备注栏　　　　B．状态栏　　　　　C．幻灯片编辑区　　D．视图区

5．如果要播放演示文稿，可以使用（　　）。

　　A．普通视图　　　　　　　　　　　B．幻灯片浏览视图

　　C．阅读视图　　　　　　　　　　　D．幻灯片放映视图

6．在下列各项中，（　　）不能删除幻灯片。

　　A．在"幻灯片视图"下，选择要删除的幻灯片，单击"编辑"→"删除幻灯片"命令

　　B．在"幻灯片浏览视图"下，选中要删除的幻灯片，按 Delete 键

　　C．在"大纲视图"下，选中要删除的幻灯片，按 Delete 键

　　D．在"阅读视图"下，选中要删除的幻灯片，按 Delete 键

7．在下列各项中，可以对多个幻灯片进行选择、移动、复制、删除等编辑操作的是（　　）。

　　A．幻灯片浏览　　　B．备注页　　　　C．幻灯片放映　　　D．幻灯片母版

8．要在选定的幻灯片中输入文字，应（　　）。

　　A．直接输入文字

　　B．先单击占位符，然后输入文字

　　C．先删除占位符中的系统显示的文字，然后才可以输入文字

　　D．先删除占位符，然后再输入文字

9．在 PowerPoint 2010 中，下列说法正确的是（　　）。

　　A．只有在"普通视图"中才能插入新幻灯片

B. 只有在"大纲视图"中才能插入新幻灯片

C. 只有在"幻灯片浏览"视图中才能插入新幻灯片

D. 上述 3 种方法都可以

10. 在"幻灯片浏览"视图中，单击选定不连续的多个幻灯片时，需要按住（　　）键。

    A. Shift   B. Alt   C. Ctrl   D. Delete

11. 在"幻灯片浏览"视图中，用鼠标拖动复制幻灯片时，需要按住（　　）键。

    A. Ctrl   B. Alt   C. Shift   D. Esc

12. 在"幻灯片浏览视图"中，不能进行的操作是（　　）。

    A. 删除幻灯片   B. 移动幻灯片

    C. 编辑幻灯片内容   D. 设置放映方式

13. 在 PowerPoint 2010 中，不能改变幻灯片顺序的视图是（　　）视图。

    A. 幻灯片   B. 普通   C. 大纲   D. 幻灯片放映

14. 在 PowerPoint 2010 中，能编辑修改幻灯片内容的视图是（　　）视图。

    A. 幻灯片母版   B. 备注页   C. 大纲   D. 幻灯片放映

15. 在空白幻灯片中不能直接插入（　　）。

    A. 文本框   B. 文字   C. 艺术字   D. 表格

16. 要在演示文稿中插入公式，可以使用下列（　　）打开"公式编辑器"。

    A. "插入"选项卡中的命令   B. "开始"选项卡中的命令

    C. "文件"选项卡中的命令   D. "视图"选项卡中的命令

17. 在下列各项中，（　　）不能控制幻灯片外观的一致。

    A. 母版   B. 模板   C. 背景   D. 幻灯片视图

18. 下面不是 PowerPoint 2010 主题包含的内容的是（　　）。

    A. 颜色   B. 切换   C. 字体   D. 背景

19. 下列关于组合的说法中，正确的是（　　）。

    A. 幻灯片中所有的对象都可以组合

    B. 标题和文本占位符可以组合

    C. 表格、图形、图片、文本框可以组合

    D. 图形、图片、公式、文本框可以组合

20. 在演示文稿中，在插入超级链接中所链接的目标，不能是（　　）。

    A. 另一个演示文稿   B. 同一演示文稿的某一张幻灯片

    C. 其他应用程序的文档   D. 幻灯片中的某个对象

21. 利用 PowerPoint 2010 的（　　）功能，可以给幻灯片配上解说。

    A. 自定义动画   B. 自定义放映   C. 幻灯片切换   D. 录制旁白

22. 一个演示文稿，如果演讲者需要根据不同观众展示不同的内容，可以采用（　　）。

    A. 自定义动画   B. 自定义放映   C. 排练计时   D. 录制旁白

23. 要使某张幻灯片与其母版不同，以下说法正确的是（　　）。

    A. 这是不可能的   B. 可以设置该幻灯片不使用母版

    C. 可以直接修改幻灯片   D. 可以重新设置母版

24. 与 Word 2010 相比,PowerPoint 2010 中的文本的最大特色是(　　)。

　　A. 可以设置颜色　　　　　　　　　B. 作为图形对象

　　C. 可以设置字体　　　　　　　　　D. 可以设置字号

25. 不可改变幻灯片的放映次序的是(　　)。

　　A. 插入超链接　　　　　　　　　　B. 自定义放映

　　C. 使用动作按钮　　　　　　　　　D. 录制旁白

26. 如果要从最后一张幻灯片返回到第一张幻灯片,应使用(　　)功能。

　　A. 自定义动画　　　B. 动作设置　　　C. 幻灯片切换　　　D. 排练计时

27. 在幻灯片的"动作设置"对话框中设置的链接对象不允许是(　　)。

　　A. 另一个演示文稿　　　　　　　　B. 下一张幻灯片

　　C. 一个应用程序　　　　　　　　　D. 幻灯片中的某个对象

28. 下述对幻灯片中的对象进行动画设置的正确描述是(　　)。

　　A. 幻灯片中的对象一旦进行动画设置就不可以改变

　　B. 幻灯片中一个对象只能设置一个动画效果

　　C. 设置动画时不可以改变对象出现的先后次序

　　D. 幻灯片中各对象设置的动画效果可以不同

29. 在演示文稿中,关于超链接的下列说法中正确的是(　　)。

　　A. 幻灯片中不能设置超链接

　　B. 只能在幻灯片放映时才能跳转到超链接目标

　　C. 在幻灯片编辑状态不能跳转到超链接目标

　　D. 不管在幻灯片编辑状态还是在幻灯片放映时均能跳转到超链接目标

30. 设置幻灯片放映时间的命令是(　　)。

　　A. "幻灯片放映"选项卡中的"预设动画"命令

　　B. "视图"选项卡中的"幻灯片母版"命令

　　C. "幻灯片放映"选项卡中的"排练计时"命令

　　D. "插入"选项卡中的"日期和时间"命令

31. 在 PowerPoint 2010 中,打印幻灯片时,一张 A4 纸最多可打印(　　)张幻灯片。

　　A. 任意　　　　　　B. 3　　　　　　　C. 5　　　　　　　D. 9

32. 使用(　　),可以给打印的每张幻灯片都加边框。

　　A. "插入"选项卡中的"文本框"命令

　　B. "绘图"工具栏的"矩形"按钮

　　C. "文件"菜单中的"打印"命令

　　D. "格式"菜单中的"颜色和线条"

33. 幻灯片放映过程中,右击,选择"指针选项"中的"绘图笔"命令,在讲解过程中可以进行写画,其结果是(　　)。

　　A. 对幻灯片进行了修改

　　B. 对幻灯片没有进行修改

　　C. 写画的内容留在了幻灯片上,下次放映时还会显示出来

D. 写画的内容可以保存起来,以便下次放映时显示出来

34. 不准备放映的幻灯片,可以使用( )选项卡中的"隐藏幻灯片"命令将其隐藏。

    A. 视图   B. 文件   C. 幻灯片放映   D. 开始

35. 在下列菜单中,可以找到"幻灯片母版"命令的是( )。

    A. "文件"选项卡   B. "插入"选项卡

    C. "视图"选项卡   D. "设计"选项卡

36. 在 PowerPoint 2010 中,下列关于音频的说法中正确的是( )。

    A. 在幻灯片中插入声音后,会显示一个喇叭图标

    B. 在 PowerPoint 2010 中,可以录制声音

    C. 在幻灯片中插入剪贴画音频后,放映时会自动播放

    D. 以上 3 种说法都对

37. 要退出幻灯片放映,应按( )键。

    A. Enter   B. Esc   C. Delete   D. Ctrl

38. 在幻灯片放映过程中,要返回上一张幻灯片,下列操作错误的是( )。

    A. 按 PgUp 键   B. 按 Space 键   C. 按 Backspace 键   D. 按 ↑ 键

39. 要让演示文稿从第一张幻灯片开始放映的正确操作是( )。

    A. 选择"幻灯片放映"选项卡中的"从头开始"命令

    B. 按 Shift+F5 键

    C. 单击主窗口右下角的"幻灯片放映"按钮

    D. 上述 3 种操作均对

40. 要让演示文稿从当前幻灯片开始放映的正确操作是( )。

    A. 单击主窗口右下角的"幻灯片放映"按钮

    B. 按 F5 键

    C. 选择"幻灯片放映"选项卡中的"从头开始"命令

    D. 上述 3 种操作均对

12.2.2 判断题

1. 可以通过编辑 PowerPoint 2010 演示文稿中的母版来统一修改演示文稿中的所有幻灯片。   ( )

2. 通过在 PowerPoint 2010 幻灯片中设置动作,不可以控制幻灯片的放映次序。   ( )

3. 超链接可以从幻灯片中的某个对象直接跳转到另一个对象。   ( )

4. 能够使用鼠标控制演示文稿的播放,但不能使用键盘控制播放。   ( )

5. 在"普通"视图下,可以同时显示幻灯片、大纲和备注。   ( )

6. 插入声音文件后,PowerPoint 2010 会在幻灯片的正中央显示一个声音图标。   ( )

7. 在 PowerPoint 2010 的备注窗格中,用户可以添加与观众共享的备注信息。

( )

8. 用 PowerPoint 2010 制作出来的演示文稿不可以同时包含动画和视频。 ( )

9. 利用 PowerPoint 2010 制作幻灯片时,如果要输入大量文字,使用"大纲视图"最方便。 ( )

10. PowerPoint 2010 里,一个占位符中不能同时输入文字和图片。 ( )

11. 当某张幻灯片处于隐藏状态时,选定幻灯片再次单击"隐藏幻灯片"按钮,则表示继续隐藏。 ( )

12. PowerPoint 2010 中,母版插入的图片,在幻灯片上无法删除。 ( )

13. 文本框里面的文本内容可以在"大纲视图"中显示。 ( )

14. PowerPoint 2010 里应用主题以后,只能使用系统自带的配色方案。 ( )

15. 在"母版视图"中,修改母版的定义,所有与母版相关的版式都会修改。 ( )

16. 使用"排练计时"的时间进行幻灯片放映时,用户无法干预放映。 ( )

17. 在"母版视图"中,可以任意删除其中的版式。 ( )

18. 幻灯片中的一个对象只能添加一种动画效果。 ( )

19. 使用自定义动画设置动画效果时,可以根据需要随意改变各对象的播放顺序。

( )

20. 在幻灯片中插入一个音频后,该音频的播放范围只能是本张幻灯片。 ( )

21. 一张幻灯片只能定义一种切换效果。 ( )

22. 当不同幻灯片的多个对象采用相同的动画效果时,可以使用"动画刷"实现。

( )

23. 使用"插入超链接"对话框,可以打开一个程序文件。 ( )

24. 打印幻灯片范围设置为"5-9,15,23-"表示需要打印的是编号为第5～第9页,第15页,第23页的幻灯片。 ( )

12.2.3 填空题

1. 使用 PowerPoint 2010 创建的文档称为_____,其文件扩展名为_____。

2. PowerPoint 2010 的"插入"选项卡与 Word 2010 相比,多了一个_____组,可以插入_____和_____。

3. 在 PowerPoint 2010 中,如果在文本占位符中出现输入文字占满整个窗口的情况,会在占位符左下侧自动产生一个_____按钮,其默认的选项是_____。

4. 演讲者常常需要针对不同的观众展示不同的内容,在这种情况下,可以利用 PowerPoint 2010 提供的_____功能。

5. PowerPoint 2010 提供的母版有3种,分别是_____、_____和_____。

6. 设置幻灯片背景格式时,若要将新的设置应用于当前幻灯片,应单击_____按钮;若单击"全部应用"按钮,则新的设置将应用于_____。

7. 可以对一个或多个幻灯片进行移动、复制、删除等操作,但不能对某个幻灯片内容进行编辑的视图是_____。

8. PowerPoint 2010 的动态效果分为两种,一种是幻灯片本身的出现效果,称为_____;另一种是幻灯片上的各种对象的出现方式,称为_____。

9. 要设置演示文稿的放映方式,可以通过_____选项卡中的_____命令来实现。

10. 若将某个图片插入到_____中,该图片就会自动出现在演示文稿的所有幻灯片中。

11. 在打印幻灯片时,如果希望在一张纸上打印多张幻灯片,应该在打印对话框的打印内容下选择_____选项。

12. 在 PowerPoint 2010 中,如果想插入一张与前一张幻灯片一模一样的幻灯片,可以选择"新建幻灯片"窗格里的_____命令。

13. 在 PowerPoint 2010 的幻灯片版面上,有一些带有文字提示的虚框,这些虚框称为_____。

14. 插入新幻灯片的快捷键是_____,从头开始放映幻灯片的快捷键是_____,从当前幻灯片开始放映幻灯片的快捷键是_____。

15. PowerPoint 2010 处于幻灯片的放映状态时,按_____键可以退出放映。

12.2.4　简答题

1. 在 PowerPoint 2010 中,占位符的文本与文本框中的文本在使用中有什么区别?

2. 占位符的"自动调整选项"按钮什么时候出现?都有哪些选项?分别有什么含义?

3. 在 PowerPoint 2010 中,主题和母版的作用是什么?两者有何不同?

4. 在 PowerPoint 2010 中实现动态效果的方法有哪些?

5. 在 PowerPoint 2010 中有哪些方法可以实现超链接?可以超链接到哪些对象?

6. 在 PowerPoint 2010 中幻灯片的放映方式有哪些?分别在什么情况下使用?

12.2.5　操作题

按下列要求创建不少于 6 张幻灯片的演示文稿。

1. 在第 1 张幻灯片上建立演示文稿的标题。

2. 在第 2 张幻灯片上建立内容提要或目录。

3. 在后面的幻灯片中对自己的家乡、母校和本人情况等进行介绍。要求有文字、表格和图片。

4. 通过第 2 张幻灯片与后面的各张幻灯片建立链接关系。

5. 在第 1 张幻灯片中插入一个声音文件,播放时可通过单击播放音乐。

6. 将幻灯片内的对象设置为不同的动画效果。

7. 每个幻灯片之间设置为不同的切换方式。

8. 将演示文稿设置为循环放映方式。

第 13 章　多媒体技术学习指导与习题

13.1　学习提要

13.1.1　学习目标与要求

(1) 理解与多媒体技术相关的基本概念。
(2) 了解多媒体计算机系统的硬件和软件组成。
(3) 熟悉各种多媒体信息处理技术。
(4) 了解多媒体技术的应用情况和应用领域。
(5) 了解常用的多媒体播放工具。

13.1.2　主要知识点

1. 多媒体的概念和特点

(1) 多媒体的概念和形式。
(2) 多媒体技术的基本概念、特点、应用领域。
(3) 流媒体的概念、传输技术。

2. 多媒体计算机系统的组成

(1) 硬件组成。
(2) 软件组成。

3. 多媒体信息处理技术

(1) 音频处理技术。模拟声音数字化过程,各种常用的音频文件类型。
(2) 图形和图像处理技术。图形、图像的概念,图像的数字化过程,JPEG 压缩编码技术,常见的图像文件格式。
(3) 视频处理技术。视频的基本概念,视频信息数字化,视频数据压缩标准 MPEG,各种视频文件格式。

4. 常用的多媒体开发软件和多媒体播放软件

Authorware、Flash、暴风影音等。

13.2 习题

13.2.1 单项选择题

1. 多媒体的关键特性主要包括信息载体的多样化、交互性和(   )。
   A. 活动性   B. 可视性   C. 规范化   D. 集成性

2. 以下(   )不是数字图形、图像的常用文件格式。
   A. .bmp   B. .txt   C. .gif   D. .jpg

3. 多媒体计算机系统中,内存和光盘属于(   )。
   A. 感觉媒体   B. 传输媒体   C. 表现媒体   D. 存储媒体

4. 媒体是指(   )。
   A. 表示和传播信息的载体   B. 各种信息的编码
   C. 计算机输入与输出的信息   D. 计算机屏幕显示的信息

5. 用下面(   )可将图片输入计算机。
   A. 绘图仪   B. 数码照相机   C. 键盘   D. 鼠标

6. 目前多媒体计算机中对动态图像数据压缩常采用(   )。
   A. JPEG   B. GIF   C. MPEG   D. BMP

7. 多媒体技术发展的基础是(   )。
   A. 数字化技术和计算机技术的结合   B. 数据库与操作系统的结合
   C. CPU 的发展   D. 通信技术的发展

8. 具有多媒体功能的 PC 上常用 CD-ROM 作为外存储器,它是(   )。
   A. 随机存储器   B. 可擦写光盘   C. 只读光盘   D. 硬盘

9. 多媒体 PC 是指(   )。
   A. 能处理声音的计算机
   B. 能处理图像的计算机
   C. 能进行文本、声音、图像等多种媒体处理的计算机
   D. 能进行通信处理的计算机

10. 在多媒体系统中,最适合存储声、图、文等多媒体信息的是(   )。
    A. 软盘   B. 硬盘   C. CD-ROM   D. ROM

11. (   )不是多媒体中的关键技术。
    A. 光盘存储技术   B. 信息传输技术
    C. 视频信息处理技术   D. 声音信息处理技术

12. 只读光盘 CD-ROM 的存储容量一般为(   )。
    A. 1.44MB   B. 512MB   C. 4.7GB   D. 650MB

13. 下面属于多媒体的关键特性是(   )。
    A. 实时性   B. 交互性   C. 分时性   D. 独占性

14. 下面( )不是播入 CD 上影视节目的必需设备。

  A. 软驱   B. 音频卡   C. 视频卡   D. CD-ROM

15. 超文本技术提供了另一种对多媒体对象的管理形式,它是一种( )的信息组织形式。

  A. 非线性   B. 抽象性   C. 线性   D. 曲线性

16. 多媒体计算机系统的两大组成部分是( )。

  A. 多媒体器件和多媒体主机

  B. 音箱和声卡

  C. 多媒体输入设备和多媒体输出设备

  D. 多媒体计算机硬件系统和多媒体计算机软件系统

17. 光驱中的单倍速是指读写的速度是( )/s,其他的倍速是把倍速的数字与它相乘。

  A. 300KB   B. 150KB   C. 1MB   D. 10MB

18. 从多媒体硬件的发展来看,未来多媒体卡的主要功能都会集成到( )。

  A. 计算机显卡   B. 计算机主板   C. 计算机内存   D. 硬盘存储器

19. 多媒体制作过程中,不同媒体类型的数据收集需要不同的设备和技术手段,动画一般通过( )。

  A. 字处理软件   B. 视频卡采集   C. 声卡剪辑   D. 专用绘图软件

20. 视频信息的最小单位是( )。

  A. 比率   B. 帧   C. 赫兹   D. 位

21. 下面( )不是计算机多媒体系统具有的特征。

  A. 媒体的多样性   B. 数字化和影视化

  C. 集成性和交互性   D. 形式的专一性

22. 同样一块差不多大小的光盘,存储信息量最大的( )光盘。

  A. LV   B. VCD   C. DVD   D. CD-DA

23. 多媒体计算机中的媒体信息是指( )。

  A. 数字、文字   B. 声音、图形   C. 动画、视频   D. 上述所有信息

24. 计算机中显示器、彩电等成像显示设备是根据( )三色原理生成的。

  A. RVG(红黄绿)   B. WRG(白红绿)

  C. RGB(红绿蓝)   D. CMY(青品红黄)

25. 多媒体的特性判断,以下( )属于多媒体的范畴。

  A. 有声图书   B. 彩色画报   C. 文本文件   D. 立体声音乐

26. 多媒体技术未来的发展方向是( )。

  A. 高分辨率,高速度化   B. 简单化,便于操作

  C. 智能化,提高信息识别能力   D. 以上全部

27. 在数字音频信息获取与处理过程,下述正确的顺序是( )。

  A. A/D 变换,采样,压缩,存储,解压缩,D/A 变换

  B. 采样,压缩,A/D 变换,存储,解压缩,D/A 变换

C. 采样,A/D 变换,压缩,存储,解压缩,D/A 变换

D. 采样,D/A 变换,压缩,存储,解压缩,A/D 变换

28. 彩色打印机生成的各种颜色是用(　　)三色相减模型组成。

    A. RVG(红黄绿)   B. WRG(白红绿)

    C. RGB(红绿蓝)   D. CMY(青品红黄)

29. 反映多媒体计算机中彩色画面的分量是(　　)。

    A. YUV   B. RGB   C. HIS   D. YIQ

30. 以下(　　)不是常用的声音文件格式。

    A. JPEG 文件   B. WAV 文件   C. MIDI 文件   D. VOC 文件

31. 音频卡是按(　　)分类的。

    A. 采样方法   B. 声道数   C. 采样量化位数   D. 压缩方式

32. 下面(　　)不是衡量数据压缩技术性能的重要指标。

    A. 压缩化   B. 算法复杂度   C. 恢复效果   D. 标准化

33. 下面(　　)不是图像和视频编码的国际标准。

    A. JPEG   B. MPEG-1   C. ADPCM   D. MPEG-2

34. 图像序列中的两幅相邻图像,后一幅图像与前一幅图像之间有较大的相关,这是(　　)。

    A. 视觉冗余   B. 空间冗余   C. 信息熵冗余   D. 时间冗余

35. DVD 动态图像标准是指(　　)。

    A. MPEG-1   B. JPEG   C. MPEG-4   D. MPEG-2

36. 把普通 PC 变成 MPC 要采用的关键技术是(　　)。

    A. 视频、音频信号的获取技术和输出技术

    B. 多媒体数据压缩编码和解码技术

    C. 视频、音频的实时处理和特技

    D. 以上全部

37. 下面配置中,(　　)不是 MPC 必不可少的。

    A. CD-ROM 驱动器   B. 高质量的音频卡

    C. 高分辨率的图像,图形显示   D. 高质量的视频采集卡

38. WinZip 是一个(　　)软件。

    A. 压缩和解压缩   B. 压缩   C. 解压缩   D. 安装工具

39. JPEG 是(　　)图像压缩编码标准。

    A. 静态   B. 动态   C. 点阵   D. 矢量

40. MPEG 是数字存储(　　)图像压缩编码和伴音编码标准。

    A. 静态   B. 动态   C. 点阵   D. 矢量

41. (　　)不是用来播放多媒体的软件。

    A. 千千静听   B. Windows 7 中自带的播放软件

    C. Real Player   D. Authorware

42. 专门的图形图像设计软件是(　　)。

  A. Photoshop B. ACDSee C. HyperSnap-DX D. WinZip

43. 看图软件是( )。

  A. Photoshop B. ACDSee C. HyperSnap-DX D. WinZip

44. 静止压缩图像标准是( )。

  A. JPG   B. MPEG-1 C. MPEG-2 D. JPEG

45. 多媒体信息不包括( )。

  A. 音频、视频 B. 声卡、光盘 C. 动画、影像 D. 文字、图像

46. 流媒体是采用数据流,( )的播放形式。

  A. 实时传送,实时播放   B. 先下载,后观看

  C. 先观看,后下载   D. 不用下载,直接观看

47. 多媒体个人计算机的英文缩写是( )。

  A. VCD   B. APC   C. DVD   D. MPC

48. Authorware 是一种多媒体( )。

  A. 操作系统   B. 编辑与创作工具

  C. 数据库   D. 应用软件

49. 扫描仪可扫描( )。

  A. 黑白和彩色图片   B. 黑白图片

  C. 彩色图片   D. 位图文件形成图片

50. 目前广泛使用的触摸技术属于( )。

  A. 工程技术 B. 多媒体技术 C. 电子技术 D. 传输技术

13.2.2 填空题

  1. 常见的多媒体有文本、_____、_____、_____、_____和动画等多种形式。

  2. 目前常用的流媒体文件格式有_____、_____、_____等。

  3. 图像数字化的过程包括_____、_____、_____。

  4. 图像压缩分为_____和_____两种:前者又称为冗余度压缩,对图像中的重复信息压缩;后者是通过去掉图像细节来压缩图像。

  5. 模拟声音信号数字化的过程包括_____、_____、_____。

13.2.3 简答题

  1. 什么是多媒体?什么是多媒体技术?

  2. 什么是声音的采样和量化?

  3. 简述什么是 JEPG 编码和 MPEG 编码。

  4. 常见的视频文件格式有哪些?

  5. 常见的音频文件格式有哪些?

第 14 章　软件开发技术学习指导与习题

14.1　学习提要

14.1.1　学习目标与要求

（1）了解算法和数据结构的相关概念,理解各种线性结构和树的概念、特点和算法,掌握选择排序的基本算法和改进型算法。

（2）了解程序设计风格的要求、结构化程序设计的特点和基本方法以及面向对象程序设计的特点和基本方法。

（3）理解软件工程的概念,了解需求分析方法、软件设计的方法及过程以及软件测试和程序调试的方法和过程。

14.1.2　主要知识点

1. 算法与数据结构

（1）算法的概念,算法 5 个性质和算法的量度。

（2）数据结构的概念,表示方法,顺序结构与非顺序结构。

（3）线性表的逻辑结构,线性表的顺序存储与链式存储,双链表与循环链表,栈和队列。

（4）树和二叉树的逻辑结构,二叉树的 5 个性质和 3 种遍历方法。

（5）查找的作用,两个查找的基本方法：顺序查找与二分法查找。

（6）排序的作用,简单插入排序和希尔排序,简单选择排序和堆排序,冒泡排序和快速排序。

2. 程序设计基础

（1）良好的程序设计风格,源程序文档化,数据说明原则,语句构造原则,输入输出原则。

（2）结构化程序设计的原则,3 种程序结构：顺序、分支与循环。

（3）面向对象程序设计。

3. 软件工程

（1）软件的概念和特点,软件危机与软件工程,软件工程过程与生命周期。

（2）需求分析的概念,需求分析的过程、方法与成果。

（3）软件设计的内容,基本原理,概要设计与详细设计。

（4）软件测试的准则,软件测试方法,白盒测试与黑盒测试,软件测试的过程与实施。

4. 程序的调试

程序调试的作用,调试的过程,调试的方法。

14.2　习题

14.2.1　单项选择题

1. 下列数据结构中,能用二分法进行查找的是(　　)。

　　A. 顺序存储的有序线性表　　　　　　B. 线性链表

　　C. 无序双链表　　　　　　　　　　　D. 有序线性链表

2. 下列关于栈的描述正确的是(　　)。

　　A. 在栈中只能插入元素而不能删除元素

　　B. 在栈中只能删除元素而不能插入元素

　　C. 栈是特殊的线性表,只能在一端插入或删除元素

　　D. 栈是特殊的线性表,只能在一端插入元素,而在另一端删除元素

3. 下列关于队列的叙述中正确的是(　　)。

　　A. 队列中任意位置可以插入数据

　　B. 在队列中的任意位置可以删除数据

　　C. 队列是先进先出的线性表

　　D. 队列是先进后出的线性表

4. 一棵二叉树中共有 8 个叶子结点与 11 个度为 1 的结点,则该二叉树中的总结点数为(　　)。

　　A. 27　　　　　　　B. 26　　　　　　　C. 28　　　　　　　D. 无法计算

5. 下列关于栈的叙述中正确的是(　　)。

　　A. 在栈中任意位置可以插入数据

　　B. 在栈中任意位置可以删除数据

　　C. 栈是先进先出的线性表

　　D. 栈是先进后出的线性表

6. 一个二叉树先序遍历的顺序为 ABDCE,中序遍历的顺序为 BDACF,则其后序遍历的顺序为(　　)。

　　A. ABDCE　　　　　B. DEBCA　　　　　C. DBFCA　　　　　D. 无法确定

7. 一棵深度为 5 的完全二叉树中,至少有(　　)个结点。

　　A. 31　　　　　　　B. 16　　　　　　　C. 28　　　　　　　D. 无法确定

8. 下列叙述中正确的是(　　)。

A. 一个算法的空间复杂度大,则其时间复杂度也必定大

B. 一个算法的空间复杂度大,则其时间复杂度必定小

C. 一个算法的时间复杂度大,则其空间复杂度必定小

D. 上述3种说法都不对

9. 在长度为200的有序线性表中进行顺序查找,最坏情况下需要比较的次数为(   )。

    A. 100   B. 200   C. 199   D. 9

10. 在待排序的元素序列基本有序的前提下,效率最高的排序方法是(   )。

    A. 冒泡排序   B. 选择排序   C. 快速排序   D. 归并排序

11. 如果进栈序列为A、B、C、D,则可能的出栈序列是(   )。

    A. A,D,B,C   B. D,C,B,A   C. B,D,A,C   D. 任意顺序

12. 对于长度为 n 的线性表,在最坏情况下,下列各排序法所对应的比较次数中正确的是(   )。

    A. 冒泡排序为 n B. 冒泡排序为 $n/2$

    C. 快速排序为 $n/2$ D. 快速排序为 $n(n-1)/2$

13. 在一个长度为21的线性顺序表中插入一个数据,假设在任一位置上插入数据的概率相同,则平均需要移动(   )个数据。

    A. 10.5   B. 21   C. 4   D. 无法确定

14. 用链表示线性表的优点是(   )。

    A. 便于随机存取

    B. 花费的存储空间较顺序存储少

    C. 便于插入和删除操作

    D. 数据元素的物理顺序与逻辑顺序相同

15. 以下数据结构中不属于线性数据结构的是(   )。

    A. 队列   B. 线性表   C. 二叉树   D. 栈

16. 下面描述中,不符合结构化程序设计风格的是(   )。

    A. 使用顺序、选择和重复(循环)3种基本控制结构表示程序的控制逻辑

    B. 注重提高程序的可读性

    C. 注重提高程序的可扩展性

    D. 使用goto语句

17. 结构化程序设计的一种基本方法是(   )。

    A. 筛选法   B. 递归法   C. 归纳法   D. 逐步求精法

18. 在结构化程序设计中,模块划分的原则是(   )。

    A. 各模块应包括尽量多的功能

    B. 各模块的规模应尽量大

    C. 各模块之间的联系应尽量紧密

    D. 模块内具有高内聚,模块间具有低耦合度

19. 在面向对象方法中,实现信息隐蔽是依靠(   )。

    A. 对象的继承   B. 对象的多态   C. 对象的封装   D. 对象的分类

20. 下面概念中,不属于面向对象方法的是(　　)。

　　A. 对象　　　　　　B. 继承　　　　　　C. 类　　　　　　D. 过程调用

21. 在软件设计中,不属于过程设计工具的是(　　)。

　　A. PDL　　　　　　B. PAD　　　　　　C. N-S 图　　　　　D. DFD

22. 软件需求分析阶段的工作,可以分为 4 个方面:需求获取、需求分析、编写需求规格说明书以及(　　)。

　　A. 阶段性报告　　　B. 需求评审　　　　C. 总结　　　　　D. 以上都不正确

23. 下列选项中不属于结构化程序设计方法的是(　　)。

　　A. 自顶向下　　　　B. 逐步求精　　　　C. 模块化　　　　D. 可复用

24. 从工程管理角度,软件设计一般分为两步完成,它们是(　　)。

　　A. 概要设计与详细设计　　　　　　　B. 数据设计与接口设计

　　C. 软件结构设计与数据设计　　　　　D. 过程设计与数据设计

25. 下列叙述中,不属于结构化分析方法的是(　　)。

　　A. 面向数据流的结构化分析方法

　　B. 面向数据结构的 Jackson 方法

　　C. 面向数据结构的结构化数据系统开发方法

　　D. 面向对象的分析方法

26. 下列叙述中正确的是(　　)。

　　A. 软件测试应该由程序开发者来完成

　　B. 程序经调试后一般不需要再测试

　　C. 软件维护只包括对程序代码的维护

　　D. 以上 3 种说法都不对

27. 在数据流图(DFD)中,带有名字的箭头表示(　　)。

　　A. 数据的流向　　　　　　　　　　　B. 模块之间的调用关系

　　C. 控制程序的执行顺序　　　　　　　D. 程序的组成成分

28. (　　)是需求分析最终成果。

　　A. 项目开发计划　　　　　　　　　　B. 需求规格说明书

　　C. 设计说明书　　　　　　　　　　　D. 可行性分析报告

29. (　　)检查软件产品是否符合需求定义。

　　A. 验证测试　　　　B. 集成测试　　　　C. 确认测试　　　D. 验收测试

30. 下面不属于软件设计原则的是(　　)。

　　A. 抽象　　　　　　B. 模块化　　　　　C. 自底向上　　　D. 信息隐蔽

14.2.2　填空题

1. 沃森提出"程序 ＝＿＿＿＿＿＋＿＿＿＿＿"。

2. 衡量算法的标准包括＿＿＿＿、可读性、健壮性和＿＿＿＿。

3. 数据结构通常可以使用一个二元组进行描述：Data_Struct＝(D,R)，其中 D 表示_____，R 表示_____。

4. 根据数据结构中各元素之间前后件关系的表现形式,可以将数据结构分为两大类,分别是_____和_____。

5. 线性表中每个元素最多有_____前件,最多有_____后件。

6. 规定只能在表的末尾进行插入和删除操作的特殊线性表称为_____；允许一端插入,另外一端删除的特殊线性表称为_____。

7. 深度为 k 的二叉树最多有_____个结点,最少有_____个结点。

8. 已知二叉树先序遍历顺序为 ABDC,中序遍历顺序为 BDAC,则其后序遍历顺序为_____。

9. 若线性表为无序表或者采用链式存储,则进行查找时应采用_____方法查找；若线性表为有序顺序表,则可以采用_____方法查找。

10. 目前已知最有效的排序方法是_____。

11. 结构化程序设计的主要原则包括_____、_____和_____。

12. 结构化程序设计的基本结构包括_____、_____和_____。

13. 面向对象程序设计的优点包括更符合人类习惯的思维方法、_____、_____、易于开发大型软件产品、可维护性好。

14. 面向对象的特点包括_____、_____和_____。

15. 根据应用目标的不同,软件可分为_____、_____和支撑软件(或工具软件)。

16. 软件工程有 3 个要素是_____、_____和_____。

17. 软件工程通常包括 4 种基本活动,分别是 P(plan)——_____、D(do)——_____、C(check)——_____和 A(action)——_____。

18. _____是需求分析阶段的最终成果,是软件开发的最重要文档之一。

19. 数据流图是结构化分析方法中用于建立系统逻辑模型的一种工具。它以图形的方式描绘数据在系统中流动和处理的过程,其中→和◯分别表示_____和_____。

20. 模块独立性是评价软件设计优劣的重要指标,好的模块独立性要求_____和_____。

21. 概要设计阶段的 4 项基本任务包括设计软件系统结构、_____、_____、评审。

22. 测试的方法有很多,根据测试时软件是否需要执行,可以分为_____和_____；根据是否检查软件的内部结构,可以分为_____和_____。

23. 白盒测试主要的方法有_____和_____。

24. 黑盒测试的常用方法有_____、_____和_____。

25. 软件测试是一个连续的过程,需要经过_____、_____、_____和_____ 4 个步骤。

14.2.3　简答题

1. 什么是算法？算法的五要素是什么？
2. 线性表有哪两种基本存储方式？它们各自的优缺点是什么？
3. 基本的查找算法有哪两种？各自对查找表有什么要求？哪种效率更高？
4. 各种排序算法在最坏情况下,各自的比较次数是多少？
5. 如何形成良好的程序风格？
6. 结构化程序设计的主要原则是什么？
7. 软件工程的三要素是什么？如何理解它们？
8. 软件概要设计的准则是什么？
9. 试比较白盒测试与黑盒测试。

第 15 章　信息安全技术学习指导与习题

15.1　学习提要

15.1.1　学习目标与要求

(1) 掌握信息安全的概念与内容。

(2) 掌握计算机网络安全技术的概念与内容。

(3) 掌握计算机病毒的定义与特征,了解计算机病毒的危害。

15.1.2　主要知识点

1. 信息安全

(1) 信息安全的概念。

(2) 安全攻击的类型。

2. 计算机网络安全

(1) 计算机网络安全的概念。

(2) 数字签名技术。

(3) 防火墙技术。

3. 计算机病毒与防范

(1) 计算机病毒的概念。

(2) 计算机病毒的特性。

(3) 计算机病毒的危害。

(4) 计算机病毒的防治策略。

15.2　习题

15.2.1　单项选择题

1. 计算机网络安全技术是指保障网络信息系统安全的方法,(　　)是保护数据在网络传输过程中不被窃听、篡改或伪造的技术,它是信息安全的核心技术。

　　A. 访问控制技术　　　　　　　　　B. 加密技术

　　C. 数字签名　　　　　　　　　　　D. 防火墙技术

2. 计算机病毒感染的原因是(　　　)。

　　A. 与外界交换信息时感染　　　　　B. 因硬件损坏而被感染

　　C. 在增添硬件设备时感染　　　　　D. 因操作不当感染

3. 计算机病毒是指(　　　)。

　　A. 带细菌的磁盘　　　　　　　　　B. 已损坏的磁盘

　　C. 具有破坏性的特制程序　　　　　D. 被破坏了的程序

4. (　　　)不是计算机病毒的特点。

　　A. 传染性　　　　B. 潜伏性　　　　C. 破坏性　　　　D. 偶然性

5. Internet 病毒主要通过(　　　)途径传播。

　　A. U 盘　　　　　B. 网络　　　　　C. 光盘　　　　　D. Word 文档

6. 防火墙能够(　　　)。

　　A. 防范通过它的恶意连接

　　B. 防备新的网络安全问题

　　C. 防范恶意的知情者

　　D. 完全防止传送已被病毒感染的软件和文件

7. 发现计算机病毒后,比较彻底的清除方式是(　　　)。

　　A. 用查毒软件处理　　　　　　　　B. 删除磁盘文件

　　C. 用杀毒软件处理　　　　　　　　D. 格式化磁盘

8. 描述数字信息的接收方能够准确地验证发送方身份的技术术语是(　　　)。

　　A. 加密　　　　　B. 对称加密　　　C. 解密　　　　　D. 数字签名

9. 计算机病毒最根本的属性是(　　　)。

　　A. 传染性　　　　B. 流行性　　　　C. 欺骗性　　　　D. 危害性

10. 反病毒软件(　　　)。

　　A. 可以清除任何病毒　　　　　　　B. 可以清除未知病毒

　　C. 只能清除已知病毒　　　　　　　D. 可以防止和清除任何病毒

15.2.2　判断题

1. 任何病毒都是一种破坏性程序,所以任何程序使用年限过长,经衰变都有可能退化成病毒。　　　　　　　　　　　　　　　　　　　　　　　　　　(　　　)

2. 只要不在计算机上玩游戏,就不会受到计算机病毒的威胁。　　　(　　　)

3. 软件研制部门采用设计病毒的方式惩罚非法复制软件行为是不妥的,也是法律不允许的。　　　　　　　　　　　　　　　　　　　　　　　　　　　(　　　)

4. 每一种计算机病毒都会传染任何类型计算机系统中的所有程序。　(　　　)

5. 计算机安全防范中最重要的是定期进行数据备份。　　　　　　　(　　　)

6. 从技术上讲,计算机病毒起源于计算机本身和操作系统的公开性与脆弱性。

( )

7. 计算机病毒按工作机理可以分为引导型病毒、入侵型病毒、操作系统型病毒、文件型病毒和外壳型病毒等。 ( )

8. 计算机病毒不能通过电子邮件传播。 ( )

9. 信息安全的管理依靠行政手段即可实现。 ( )

10. 只要安装了正版的杀毒软件,就可以查杀所有计算机病毒。 ( )

15.2.3 填空题

1. 蠕虫病毒的前缀是_____。

2. 计算机病毒不易被发现和察觉,是因为它具有_____和_____。

3. 信息安全的基本属性包括_____、_____、_____、_____和_____。

4. 信息安全内容涉及_____和_____两个方面。

5. 在_____加密法中,加密和解密使用同一密钥。

6. 对网上传输的电子报文进行签名确认的一种方式称为_____。

第16章 计算机发展新技术学习指导与习题

16.1 学习提要

16.1.1 学习目标与要求

（1）了解大数据的基本概念。
（2）掌握大数据技术的4个基本特征。
（3）了解大数据处理的基本流程。
（4）了解大数据的相关技术。
（5）了解云计算的概念。
（6）掌握云计算的基本特征。
（7）了解人工智能的基本概念。
（8）了解人工智能的相关技术。
（9）了解人工智能的主要分支。
（10）了解量子计算的基本原理。

16.1.2 主要知识点

1. 大数据

（1）大数据的基本概念。
（2）大数据技术的4个基本特征。
（3）大数据处理的基本流程。
（4）大数据的相关技术。

2. 云计算

（1）云计算的概念。
（2）云计算的基本特征。

3. 人工智能

（1）人工智能的基本概念。
（2）人工智能的相关技术。
（3）人工智能的主要分支。

4. 量子计算

(1) 量子计算的基本原理。
(2) 量子计算的发展。

16.2 习题

16.2.1 填空题

1. 大数据的主要特征有_____、_____、_____和_____。

2. 大数据的预处理环节主要包括_____、_____、_____与_____等内容。

3. 云计算的概念最早是由_____提出的。

4. 云计算的主要特征有_____、_____、_____、_____和_____。

5. 21 世纪三大尖端技术分别是_____、_____和_____。

6. 人工智能对于人的思维模拟可以从两条道路进行,分别是_____和_____。

7. 人工智能在计算机上实现时有两种不同的方式,分别是_____和_____。

8. 人工智能主要有 3 个分支,分别是_____、_____和_____。

16.2.2 简答题

1. 简述大数据的特征。
2. 简述大数据的处理流程。
3. 简述云计算的主要特征。
4. 简述人工智能的不同分支。

第17章 综合习题

17.1 计算机基础知识

1. 造成计算机中存储数据丢失的原因主要是( )。
   A. 病毒侵蚀、人为窃取   B. 计算机电磁辐射
   C. 计算机存储器硬件损坏   D. 以上全部

2. 下列关于计算机病毒的说法中,正确的是( )。
   A. 计算机病毒是一种有损计算机操作人员身体健康的生物病毒
   B. 计算机病毒发作后,将会造成计算机硬件永久性的物理损坏
   C. 计算机病毒是一种通过自我复制进行传染的,破坏计算机程序和数据的小程序
   D. 计算机病毒是一种有逻辑错误的程序

3. 下列有关计算机系统的叙述中,错误的是( )。
   A. 计算机系统由硬件系统和软件系统组成
   B. 计算机软件由各类应用软件组成
   C. CPU 主要由运算器和控制器组成
   D. 计算机主机由 CPU 和内存储器组成

4. 计算机中控制器的功能主要是( )。
   A. 指挥、协调计算机各相关硬件工作
   B. 指挥、协调计算机各相关软件工作
   C. 指挥、协调计算机各相关硬件和软件工作
   D. 控制数据的输入和输出

5. 利用智能机器人代替人类进行一些高危工种作业,所属的计算机应用领域通常是( )。
   A. 多媒体应用   B. 科学计算
   C. 网络通信   D. 人工智能

6. 下列不属于计算机人工智能应用领域的是( )。
   A. 在线订票   B. 医疗诊断
   C. 智能机器人   D. 机器翻译

7. 利用计算机进行图书资料检索,所属的计算机应用领域是( )。
   A. 科学计算   B. 数据/信息处理   C. 过程控制   D. 虚拟现实

8. 工业上的数控机床所属的计算机应用领域是( )。
   A. 多媒体应用   B. 计算机辅助设计
   C. 过程控制   D. 科学计算

9. 企业与企业之间通过互联网进行产品、服务及信息交换的电子商务模式是(　　)。

    A. B2C　　　　　　　B. O2O　　　　　　　C. B2B　　　　　　　D. C2B

10. 缩写 O2O 代表的电子商务模式是(　　)。

    A. 企业与企业之间通过互联网进行产品、服务及信息的交换

    B. 代理商、商家和消费者三者共同搭建的集生产、经营、消费为一体的电子商务平台

    C. 消费者与消费者之间通过第三方电子商务平台进行交易

    D. 线上与线下相结合的电子商务

11. 消费者与消费者之间通过第三方电子商务平台进行交易的电子商务模式是(　　)。

    A. C2C　　　　　　　B. O2O　　　　　　　C. B2B　　　　　　　D. B2C

12. 作为现代计算机理论基础的冯·诺依曼原理和思想是(　　)。

    A. 十进制和存储程序概念　　　　　　B. 十六进制和存储程序概念

    C. 二进制和存储程序概念　　　　　　D. 自然语言和存储器概念

13. 作为现代计算机基本结构的冯·诺依曼体系包括(　　)。

    A. 输入、存储、运算、控制和输出 5 个部分

    B. 输入、数据存储、数据转换和输出 4 个部分

    C. 输入、过程控制和输出 3 个部分

    D. 输入、数据计算、数据传递和输出 4 个部分

14. 一般情况下,划分计算机 4 个发展阶段的主要依据是(　　)。

    A. 计算机所跨越的年限长短

    B. 计算机所采用的基本元器件

    C. 计算机的处理速度

    D. 计算机用途的变化

15. 计算机在工作时无须人工干预却能够自动、连续地执行程序,并得到预期的结果,主要是因为(　　)。

    A. 安装了操作系统　　　　　　　　　B. 配置了高性能 CPU

    C. 配置了大容量内存　　　　　　　　D. 程序存放在存储器中

16. 通常,现代计算机内部用来表示信息的方法是(　　)。

    A. 计算机内部均采用二进制表示各种信息

    B. 计算机内部混合采用二进制、十进制和十六进制表示各种信息

    C. 计算机内部采用十进制数据、文字显示以及图形描述等表示各种信息

    D. 计算机内部均采用十进制表示各种信息

17. 计算机中数据的最小单位是(　　)。

    A. 字长　　　　　　　B. 字节　　　　　　　C. 位　　　　　　　D. 字符

18. 计算机中组织和存储信息的基本单位是(　　)。

    A. 字长　　　　　　　B. 字节　　　　　　　C. 位　　　　　　　D. 编码

19. 能够直接反映一台计算机的计算能力和精度的指标参数是( )。
    A. 字长   B. 字节   C. 字符编码   D. 位

20. 计算机中,关于字节和位的关系是( )。
    A. 字节和位是一个概念,一字节就等于一位
    B. 字节和位是不同的概念,字节用十进制表示一个数,位用二进制表示一个数
    C. 字节是计算机数据的最小单位,而位是计算机存储容量的基本单位
    D. 在计算机中,一字节由 8 位二进制数字组成

21. 字长是计算机的一个重要指标,在工作频率不变和 CPU 体系结构相似的前提下,字长与计算机性能的关系是( )。
    A. 字长越长,计算机的数据处理速度越快
    B. 字长越短,计算机的数据处理速度越快
    C. 字长表示计算机的存储容量大小,字长越长计算机的读取速度越快
    D. 字长越短,表示计算机的并行能力越强

22. 一台计算机的硬盘容量标为 800GB,其存储容量是( )。
    A. $800 \times 210B$ B. $800 \times 220B$ C. $800 \times 230B$ D. $800 \times 240B$

23. 计算机中的字符包括西文字符和中文字符,关于字符编码,下列说法错误的是( )。
    A. 在计算机中,西文字符和中文字符采用相同的二进制字符编码进行处理
    B. 计算机中最常用的西文字符编码是 ASCII,被国际标准化组织指定为国际标准
    C. 在计算机中,对于西文与中文字符,由于形式的不同,使用不同的编码
    D. 国标码是一种汉字的编码,一个国标码用 2 字节来表示一个汉字

24. 计算机对汉字信息的处理过程实际上是各种汉字编码间的转换过程,这些编码主要包括( )。
    A. 汉字外码、汉字内码、汉字输出码等
    B. 汉字输入码、汉字区位码、汉字国标码、汉字输出码等
    C. 汉字外码、汉字内码、汉字国标码、汉字输出码等
    D. 汉字输入码、汉字内码、汉字国际码、汉字字形码等

17.2 文字处理软件 Word

1. 下列操作中,不能在 Word 文档中插入图片的操作是( )。
   A. 使用"插入对象"功能   B. 使用"插入交叉引用"功能
   C. 使用复制、粘贴功能   D. 使用"插入图片"功能

2. 在 Word 文档编辑状态下,将光标定位于任一段落位置,设置 1.5 倍行距后,结果将是( )。
   A. 全部文档没有任何改变
   B. 全部文档按 1.5 倍行距调整段落格式

C. 光标所在行按 1.5 倍行距调整格式

D. 光标所在段落按 1.5 倍行距调整格式

3. 小李正在 Word 中编辑一篇包含 12 个章节的书稿,他希望每一章都能自动从新的一页开始,最优的操作方法是(　　)。

A. 在每一章最后插入分页符

B. 在每一章最后连续按 Enter 键,直到下一页面开始处

C. 将每一章标题的段落格式设为"段前分页"

D. 将每一章标题指定为标题样式,并将样式的段落格式修改为"段前分页"

4. 小李的打印机不支持自动双面打印,但他希望将一篇在 Word 中编辑好的论文连续打印在 A4 纸的正反两面上,最优的操作方法是(　　)。

A. 先单面打印一份论文,然后找复印机进行双面复印

B. 打印时先指定打印所有奇数页,将纸张翻过来后,再指定打印偶数页

C. 打印时先设置"手动双面打印",等 Word 提示打印第二面时将纸张翻过来继续打印

D. 先在文档中选择所有奇数页并在打印时设置"打印所选内容",将纸张翻过来后,再选择打印偶数页

5. 张编辑休假前正在审阅一部 Word 书稿,他希望回来上班时能够快速找到上次编辑的位置,在 Word 2010 中最优的操作方法是(　　)。

A. 下次打开书稿时,直接通过滚动条找到该位置

B. 记住一个关键词,下次打开书稿时,通过"查找"功能找到该关键词

C. 记住当前页码,下次打开书稿时,通过"查找"功能定位页码

D. 在当前位置插入一个书签,通过"查找"功能定位书签

6. 在 Word 中编辑一篇文稿时,纵向选择一块文本区域的最快捷操作方法是(　　)。

A. 按下 Ctrl 键不放,拖动鼠标分别选择所需的文本

B. 按下 Alt 键不放,拖动鼠标选择所需的文本

C. 按下 Shift 键不放,拖动鼠标选择所需的文本

D. 按 Ctrl+Shift+F8 键,然后拖动鼠标选择所需的文本

7. 在 Word 中编辑一篇文稿时,如需快速选取一个较长段落文字区域,最快捷的操作方法是(　　)。

A. 直接用鼠标拖动选择整个段落

B. 在段首单击,按下 Shift 键不放再单击段尾

C. 在段落的左侧空白处双击

D. 在段首单击,按下 Shift 键不放再按 End 键

8. 小刘使用 Word 编写与互联网相关的文章时,文中频繁出现@符号,他希望能够在输入"(a)"后自动变为@,最优的操作方法是(　　)。

A. 将"(a)"定义为自动更正选项

B. 先全部输入为"(a)",最后再一次性替换为@

C. 将"(a)"定义为自动图文集

D. 将"(a)"定义为文档部件

9. 王老师在 Word 中修改一篇长文档时不慎将光标移动了位置,若希望返回最近编辑过的位置,最快捷的操作方法是(　　)。

A. 操作滚动条找到最近编辑过的位置并单击

B. 按 Ctrl+F5 快捷键

C. 按 Shift+F5 快捷键

D. 按 Alt+F5 快捷键

10. 郝秘书在 Word 中草拟一份会议通知,他希望该通知结尾处的日期能够随系统日期的变化而自动更新,最快捷的操作方法是(　　)。

A. 通过插入日期和时间功能,插入特定格式的日期并设置为自动更新

B. 通过插入对象功能,插入一个可以链接到原文件的日期

C. 直接手动输入日期,然后将其格式设置为可以自动更新

D. 通过插入域的方式插入日期和时间

11. 小马在一篇 Word 文档中创建了一个漂亮的页眉,她希望在其他文档中还可以直接使用该页眉格式,最优的操作方法是(　　)。

A. 下次创建新文档时,直接从该文档中将页眉复制到新文档中

B. 将该文档保存为模板,下次可以在该模板的基础上创建新文档

C. 将该页眉保存在页眉文档部件库中,以备下次调用

D. 将该文档另存为新文档,并在此基础上修改即可

12. 小江需要在 Word 中插入一个利用 Excel 制作好的表格,并希望 Word 文档中的表格内容随 Excel 源文件的数据变化而自动变化,最快捷的操作方法是(　　)。

A. 在 Word 中通过"插入"→"对象"功能插入一个可以链接到原文件的 Excel 表格

B. 复制 Excel 数据源,然后在 Word 中通过"开始"→"粘贴"→"选择性粘贴"命令进行粘贴链接

C. 复制 Excel 数据源,然后在 Word 右键快捷菜单上选择带有链接功能的粘贴选项

D. 在 Word 中通过"插入"→"表格"→"Excel 电子表格"命令链接 Excel 表格

17.3　电子表格软件 Excel

1. 在 Excel 工作表单元格中输入公式时,F$2 的单元格引用方式称为(　　)。

A. 交叉地址引用　　　　　　B. 混合地址引用

C. 相对地址引用　　　　　　D. 绝对地址引用

2. 在同一个 Excel 工作簿中,如需区分不同工作表的单元格,则要在引用地址前面增加(　　)。

A. 单元格地址　　　　　　　B. 公式

C. 工作表名称　　　　　　　D. 工作簿名称

3. 小明希望在 Excel 的每个工作簿中输入数据时,字体、字号总能自动设为 Calibri、9 磅,最优的操作方法是(　　)。

    A. 先输入数据,然后选中这些数据并设置其字体、字号

    B. 先选中整个工作表,设置字体、字号后再输入数据

    C. 先选中整个工作表并设置字体、字号,之后将其保存为模板,再依据该模板创建新工作簿并输入数据

    D. 通过后台视图的常规选项,设置新建工作簿时默认的字体、字号,然后再新建工作簿并输入数据

4. 小李正在 Excel 中编辑一个包含上千人的工资表,他希望在编辑过程中总能看到表明每列数据性质的标题行,最优的操作方法是(　　)。

    A. 通过 Excel 的拆分窗口功能,使得上方窗口显示标题行,同时在下方窗口中编辑内容

    B. 通过 Excel 的冻结窗格功能将标题行固定

    C. 通过 Excel 的新建窗口功能,创建一个新窗口,并将两个窗口水平并排显示,其中上方窗口显示标题行

    D. 通过 Excel 的打印标题功能设置标题行重复出现

5. 老王正在 Excel 中计算员工本年度的年终奖金,他希望与存放在不同工作簿中的前三年奖金发放情况进行比较,最优的操作方法是(　　)。

    A. 分别打开前三年的奖金工作簿,将它们复制到同一个工作表中进行比较

    B. 通过全部重排功能,将 4 个工作簿平铺在屏幕上进行比较

    C. 通过并排查看功能,分别将今年与前三年的数据两两进行比较

    D. 打开前三年的奖金工作簿,需要比较时在每个工作簿窗口之间进行切换查看

6. 钱经理正在审阅借助 Excel 统计的产品销售情况,他希望能够同时查看这个千行千列的超大工作表的不同部分,最优的操作方法(　　)。

    A. 将该工作簿另存几个副本,然后打开并重排这几个工作簿以分别查看不同的部分

    B. 在工作表合适的位置冻结拆分窗格,然后分别查看不同的部分

    C. 在工作表合适的位置拆分窗口,然后分别查看不同的部分

    D. 在工作表中新建几个窗口,重排窗口后在每个窗口中查看不同的部分

7. 小王要将一份通过 Excel 整理的调查问卷统计结果送交经理审阅,这份调查表包含统计结果和中间数据两个工作表。他希望经理无法看到其存放中间数据的工作表,最优的操作方法是(　　)。

    A. 将存放中间数据的工作表删除

    B. 将存放中间数据的工作表移动到其他工作簿保存

    C. 将存放中间数据的工作表隐藏,然后设置保护工作表隐藏

    D. 将存放中间数据的工作表隐藏,然后设置保护工作簿结构

8. 小韩在 Excel 中制作了一份通讯录,并为工作表数据区域设置了合适的边框和底纹,她希望工作表中默认的灰色网格线不再显示,最快捷的操作方法是(　　)。

A. 在"页面设置"对话框中设置不显示网格线

B. 在"页面布局"选项卡上的"工作表选项"组中设置不显示网格线

C. 在后台视图的高级选项下,设置工作表不显示网格线

D. 在后台视图的高级选项下,设置工作表网格线为白色

9. 在 Excel 工作表中输入了大量数据后,若要在该工作表中选择一个连续且较大范围的特定数据区域,最快捷的方法是( )。

A. 选中该数据区域的某一个单元格,然后按 Ctrl+A 快捷键

B. 单击该数据区域的第一个单元格,按下 Shift 键不放再单击该区域的最后一个单元格

C. 单击该数据区域的第一个单元格,按 Ctrl+Shift+End 快捷键

D. 用鼠标直接在数据区域中拖动完成选择

10. 小陈在 Excel 中对产品销售情况进行分析,他需要选择不连续的数据区域作为创建分析图表的数据源,最优的操作方法是( )。

A. 直接拖动鼠标选择相关的数据区域

B. 按下 Ctrl 键不放,拖动鼠标依次选择相关的数据区域

C. 按下 Shift 键不放,拖动鼠标依次选择相关的数据区域

D. 在名称框中分别输入单元格区域地址,中间用西文半角逗号分隔

11. 赵老师在 Excel 中为 400 位学生每人制作了一个成绩条,每个成绩条之间用一个空行分隔。他希望同时选中所有成绩条及分隔空行,最快捷的操作方法是( )。

A. 直接在成绩条区域中拖动鼠标进行选择

B. 单击成绩条区域的某一个单元格,然后按 Ctrl+A 快捷键两次

C. 单击成绩条区域的第一个单元格,然后按 Ctrl+Shift+End 快捷键

D. 单击成绩条区域的第一个单元格,按下 Shift 键不放再单击该区域的最后一个单元格

12. 小曾希望对 Excel 工作表的 D、E、F 3 列设置相同的格式,同时选中这 3 列的最快捷操作方法是( )。

A. 用鼠标直接在 D、E、F 3 列的列标上拖动完成选择

B. 在名称框中输入地址"D:F",按 Enter 键完成选择

C. 在名称框中输入地址"D,E,F",按 Enter 键完成选择

D. 按下 Ctrl 键不放,依次单击 D、E、F 3 列的列标

17.4 演示文稿软件 PowerPoint

1. 如需在 PowerPoint 2010 演示文档的一张幻灯片后增加一张新幻灯片,最优的操作方法是( )。

A. 执行"文件"后台视图的"新建"命令

B. 执行"插入"选项卡中的"插入幻灯片"命令

C. 执行"视图"选项卡中的"新建窗口"命令

D. 在普通视图左侧的幻灯片缩略图中按 Enter 键

2. 在 PowerPoint 2010 中关于表格的叙述,错误的是(　　)。

　　A. 在幻灯片浏览视图模式下,不可以向幻灯片中插入表格

　　B. 只要将光标定位到幻灯片中的表格,立即出现"表格工具"选项卡

　　C. 可以为表格设置图片背景

　　D. 不能在表格单元格中插入斜线

3. 在 PowerPoint 2010 演示文稿普通视图的幻灯片缩略图窗格中,需要将第 3 张幻灯片在其后面再复制一张,最快捷的操作方法是(　　)。

　　A. 用鼠标拖动第 3 张幻灯片到第 3 张和第 4 张幻灯片之间时按下 Ctrl 键并放开鼠标

　　B. 按下 Ctrl 键再用鼠标拖动第 3 张幻灯片到第 3 张和第 4 张幻灯片之间

　　C. 右击第 3 张幻灯片并选择"复制幻灯片"命令

　　D. 选择第 3 张幻灯片并通过复制、粘贴功能实现复制

4. 在 PowerPoint 2010 中可以通过分节来组织演示文稿中的幻灯片,在幻灯片浏览视图中选中一节中所有幻灯片的最优方法是(　　)。

　　A. 单击节名称即可

　　B. 按下 Ctrl 键不放,依次单击节中的幻灯片

　　C. 选择节中的第 1 张幻灯片,按下 Shift 键不放,再单击节中的末张幻灯片

　　D. 直接拖动鼠标选择节中的所有幻灯片

5. 在 PowerPoint 2010 中可以通过多种方法创建一张新幻灯片,下列操作方法错误的是(　　)。

　　A. 在普通视图的幻灯片缩略图窗格中,定位光标后按 Enter 键

　　B. 在普通视图的幻灯片缩略图窗格中右击,从快捷菜单中选择"新建幻灯片"命令

　　C. 在普通视图的幻灯片缩略图窗格中定位光标,从"开始"选项卡上单击"新建幻灯片"按钮

　　D. 在普通视图的幻灯片缩略图窗格中定位光标,从"插入"选项卡上单击"幻灯片"按钮

6. 如果希望每次打开 PowerPoint 2010 演示文稿时,窗口中都处于幻灯片浏览视图,最优的操作方法是(　　)。

　　A. 通过"视图"选项卡上的"自定义视图"按钮进行指定

　　B. 每次打开演示文稿后,通过"视图"选项卡切换到幻灯片浏览视图

　　C. 每次保存并关闭演示文稿前,通过"视图"选项卡切换到幻灯片浏览视图

　　D. 在后台视图中,通过高级选项设置用幻灯片浏览视图打开全部文档

7. 小马正在制作有关员工培训的新演示文稿,他想借鉴自己以前制作的某个培训文稿中的部分幻灯片,最优的操作方法是(　　)。

　　A. 将原演示文稿中有用的幻灯片一一复制到新文稿

B. 放弃正在编辑的新文稿,直接在原演示文稿中进行增删修改,并另行保存

C. 通过"重用幻灯片"功能将原文稿中有用的幻灯片引用到新文稿中

D. 单击"插入"选项卡上的"对象"按钮,插入原文稿中的幻灯片

8. 在 PowerPoint 2010 演示文稿中利用"大纲"窗格组织、排列幻灯片中的文字时,输入幻灯片标题后进入下一级文本输入状态的最快捷方法是( )。

A. 按 Ctrl＋Enter 快捷键

B. 按 Shift＋Enter 快捷键

C. 按 Enter 键后,右击,从快捷菜单中选择"降级"

D. 按 Enter 键后,再按 Tab 键

9. 在 PowerPoint 2010 普通视图中编辑幻灯片时,需将文本框中的文本级别由第二级调整为第三级,最优的操作方法是( )。

A. 在文本最右边添加空格形成缩进效果

B. 当光标位于文本最右边时按 Tab 键

C. 在段落格式中设置文本之前缩进距离

D. 当光标位于文本中时,单击"开始"选项卡上的"提高列表级别"按钮

10. 在 PowerPoint 2010 中制作演示文稿时,希望将所有幻灯片中标题的中文字体和英文字体分别统一为微软雅黑、Arial,正文的中文字体和英文字体分别统一为仿宋、Arial,最优的操作方法是( )。

A. 在幻灯片母版中通过"字体"对话框分别设置占位符中的标题和正文字体

B. 在一张幻灯片中设置标题、正文字体,然后通过格式刷应用到其他幻灯片的相应部分

C. 通过"替换字体"功能快速设置字体

D. 通过自定义主题字体进行设置

11. 小李利用 PowerPoint 2010 制作一份学校简介的演示文稿,他希望将学校外景图片铺满每张幻灯片,最优的操作方法是( )。

A. 在幻灯片母版中插入该图片,并调整大小及排列方式

B. 将该图片文件作为对象插入全部幻灯片中

C. 将该图片作为背景插入并应用到全部幻灯片中

D. 在一张幻灯片中插入该图片,调整大小及排列方式,然后复制到其他幻灯片

12. 小明利用 PowerPoint 2010 制作一份考试培训的演示文稿,他希望在每张幻灯片中添加包含"样例"文字的水印效果,最优的操作方法是( )。

A. 通过"插入"选项卡上的"插入水印"功能输入文字并设定版式

B. 在幻灯片母版中插入包含"样例"二字的文本框,并调整其格式及排列方式

C. 将"样例"二字制作成图片,再将该图片作为背景插入并应用到全部幻灯片中

D. 在一张幻灯片中插入包含"样例"二字的文本框,然后复制到其他幻灯片

17.5　数据结构与算法

1. 下列叙述中正确的是（　　　）。
   - A. 算法就是计算方法
   - B. 程序可以作为算法的一种描述方法
   - C. 算法设计只需考虑得到计算结果
   - D. 算法设计可以忽略算法的运算时间

2. 深度为 5 的完全二叉树的结点数不可能是（　　　）。
   - A. 15　　　　　　　　B. 16　　　　　　　　C. 17　　　　　　　　D. 18

3. 下列叙述中正确的是（　　　）。
   - A. 循环队列是顺序存储结构
   - B. 循环队列是链式存储结构
   - C. 循环队列是非线性结构
   - D. 循环队列的插入运算不会发生溢出现象

4. 下列关于算法的描述中错误的是（　　　）。
   - A. 算法强调动态的执行过程，不同于静态的计算公式
   - B. 算法必须能在有限个步骤之后终止
   - C. 算法设计必须考虑算法的复杂度
   - D. 算法的优劣取决于运行算法程序的环境

5. 线性表的链式存储结构与顺序存储结构相比，链式存储结构的优点有（　　　）。
   - A. 节省存储空间　　　　　　　　　　B. 插入与删除运算效率高
   - C. 便于查找　　　　　　　　　　　　D. 排序时减少元素的比较次数

6. 深度为 7 的完全二叉树中共有 125 个结点，则该完全二叉树中的叶子结点数为（　　　）个。
   - A. 62　　　　　　　　B. 63　　　　　　　　C. 64　　　　　　　　D. 65

7. 下列叙述中正确的是（　　　）。
   - A. 有序表是指在顺序存储空间内连续存放的元素序列
   - B. 有序表只能顺序存储在连续的存储空间内
   - C. 有序表可以用链接存储方式存储在不连续的存储空间内
   - D. 任何存储方式的有序表均能采用二分法进行查找

8. 下列叙述中正确的是（　　　）。
   - A. 结点中具有两个指针域的链表一定是二叉链表
   - B. 结点中具有两个指针域的链表可以是线性结构，也可以是非线性结构
   - C. 二叉树只能采用链式存储结构
   - D. 循环链表是非线性结构

9. 设某二叉树中共有 140 个结点，其中有 40 个度为 1 的结点，则（　　　）。
   - A. 该二叉树中有 51 个叶子结点

B. 该二叉树中有 50 个叶子结点

C. 该二叉树中有 51 个度为 2 的结点

D. 不可能有这样的二叉树

10. 某二叉树的前序序列为 ABCD,中序序列为 DCBA,则后序序列为(　　)。

    A. BADC   B. DCBA   C. CDAB   D. ABCD

11. 下列关于算法复杂度叙述正确的是(　　)。

    A. 最坏情况下的时间复杂度一定高于平均情况下的时间复杂度

    B. 时间复杂度与所用的计算工具无关

    C. 对同一个问题,采用不同的算法,则它们的时间复杂度是相同的

    D. 时间复杂度与采用的算法描述语言有关

12. 设有栈 S 和队列 Q,初始状态均为空。首先依次将 A、B、C、D、E、F 入栈,然后从栈中退出 3 个元素依次入队,再将 X、Y、Z 入栈后,将栈中所有元素退出并依次入队,最后将队列中所有元素退出,则退队元素的顺序为(　　)。

    A. DEFXYZABC   B. FEDZYXCBA

    C. FEDXYZCBA   D. DEFZYXABC

13. 下列叙述中正确的是(　　)。

    A. 有两个指针域的链表称为二叉链表

    B. 循环链表是循环队列的链式存储结构

    C. 带链的栈有栈顶指针和栈底指针,因此又称为双重链表

    D. 结点中具有多个指针域的链表称为多重链表

14. 某二叉树共有 845 个结点,其中叶子结点有 45 个,则度为 1 的结点数为(　　)。

    A. 400   B. 754   C. 756   D. 不确定

15. 在线性表的顺序存储结构中,其存储空间连续,各个元素所占的字节数(　　)。

    A. 相同,元素的存储顺序与逻辑顺序一致

    B. 相同,但其元素的存储顺序可以与逻辑顺序不一致

    C. 不同,但元素的存储顺序与逻辑顺序一致

    D. 不同,且其元素的存储顺序可以与逻辑顺序不一致

16. 对长度为 n 的线性表排序,在最坏情况下,比较次数不是 $n(n-1)/2$ 的排序方法是(　　)。

    A. 快速排序   B. 冒泡排序   C. 直接插入排序   D. 堆排序

17. 在数据管理技术发展的 3 个阶段中,数据共享最好的是(　　)。

    A. 人工管理阶段   B. 文件系统阶段

    C. 数据库系统阶段   D. 三个阶段相同

18. 下列叙述中正确的是(　　)。

    A. 线性表的链式存储结构与顺序存储结构所需要的存储空间是相同的

    B. 线性表的链式存储结构所需要的存储空间一般要多于顺序存储结构

    C. 线性表的链式存储结构所需要的存储空间一般要少于顺序存储结构

    D. 线性表的链式存储结构所需要的存储空间与顺序存储结构没有任何关系

19. 下列数据结构中,能够按照"先进后出"原则存取数据的是(　　)。

　　A. 循环队列　　　　B. 栈　　　　　　C. 队列　　　　　D. 二叉树

20. 算法的空间复杂度是指(　　)。

　　A. 算法在执行过程中所需要的计算机存储空间

　　B. 算法所处理的数据量

　　C. 算法程序中的语句或指令条数

　　D. 算法在执行过程中所需要的临时工作单元数

17.6　程序设计与软件工程

1. 下面不属于对象主要特征的是(　　)。

　　A. 唯一性　　　　　B. 多态性　　　　　C. 可复用性　　　　D. 封装性

2. 面向对象方法中,继承是指(　　)。

　　A. 一组对象所具有的相似性质

　　B. 一个对象具有另一个对象的性质

　　C. 各对象之间的共同性质

　　D. 类之间共享属性和操作的机制

3. 结构化程序所要求的基本结构不包括(　　)。

　　A. 顺序结构　　　　　　　　　　　B. goto 跳转

　　C. 选择(分支)结构　　　　　　　　D. 重复(循环)结构

4. 下列选项中不属于结构化程序设计原则的是(　　)。

　　A. 可封装　　　　　B. 自顶向下　　　　C. 模块化　　　　D. 逐步求精

5. 数据库管理系统是(　　)。

　　A. 操作系统的一部分

　　B. 在操作系统支持下的系统软件

　　C. 一种编译系统

　　D. 一种操作系统

6. 下面对对象概念描述正确的是(　　)。

　　A. 对象间的通信靠消息传递

　　B. 对象是名字和方法的封装体

　　C. 任何对象必须有继承性

　　D. 对象的多态性是指一个对象有多个操作

7. 结构化程序设计中,下面对 goto 语句使用描述正确的是(　　)。

　　A. 禁止使用 goto 语句

　　B. 使用 goto 语句程序效率高

　　C. 应避免滥用 goto 语句

　　D. 以上说法都不对

8. 下面属于整数类的实例是(　　)。

    A. 0x518　　　　　B. 0.518　　　　　C. "-518"　　　　　D. 518E-2

9. 软件按功能可以分为应用软件、系统软件和支撑软件(或工具软件)。下面属于系统软件的是(　　)。

    A. C 编译程序　　　　　　　　　　B. ERP 系统

    C. 学籍管理系统　　　　　　　　　D. CAI 软件

10. 下面描述中不属于软件需求分析阶段任务的是(　　)。

    A. 撰写软件需求规格说明书　　　　B. 软件的总体结构设计

    C. 软件的需求分析　　　　　　　　D. 软件的需求评审

11. 程序测试的目的是(　　)。

    A. 为被测程序设计正确的测试用例

    B. 发现并改正程序中的错误

    C. 发现程序中的错误

    D. 改正程序中的错误

12. 下面不属于软件需求分析阶段工作的是(　　)。

    A. 需求获取　　　　B. 需求计划　　　　C. 需求分析　　　　D. 需求评审

13. 软件设计中模块划分应遵循的准则是(　　)。

    A. 高耦合低内聚　　　　　　　　　B. 高耦合高内聚

    C. 低耦合高内聚　　　　　　　　　D. 低耦合低内聚

14. 下面不属于黑盒测试方法的是(　　)。

    A. 边界值分析法　　　　　　　　　B. 基本路径测试

    C. 等价类划分法　　　　　　　　　D. 错误推测法

15. 计算机软件包括(　　)。

    A. 算法和数据　　　　　　　　　　B. 程序和数据

    C. 程序和文档　　　　　　　　　　D. 程序、数据及相关文档

16. 软件生命周期可分为定义阶段、开发阶段和维护阶段,下面不属于开发阶段任务的是(　　)。

    A. 软件测试　　　　　　　　　　　B. 软件实现

    C. 软件总体设计　　　　　　　　　D. 可行性研究

17. 下面不能作为软件设计工具的是(　　)。

    A. PAD　　　　　　　　　　　　　B. 程序流程图

    C. 数据流程图(DFD)　　　　　　　D. 总体结构图

18. 软件生命周期是指(　　)。

    A. 软件产品从提出、实现、使用维护到停止使用退役的过程

    B. 软件的需求分析、设计与实现

    C. 软件的运行和维护

    D. 软件的实现和维护

19. 下面描述中,不属于软件危机表现的是(　　)。

    A. 软件过程不规范　　　　　　　　B. 软件开发生产率低

    C. 软件质量难以控制　　　　　　　　D. 软件成本不断提高

20. 下面对软件测试和软件调试有关概念叙述错误的是(　　)。

    A. 严格执行测试计划,排除测试的随意性

    B. 程序调试通常也称为 Debug

    C. 软件测试的目的是发现错误和改正错误

    D. 设计正确的测试用例

下篇　习题参考答案

第18章 计算机基础知识习题参考答案

18.1 简答题

略。

18.2 选择题

1. D	2. C	3. B 和 D	4. B	5. A
6. C	7. B	8. C	9. B	10. D
11. C	12. A	13. B	14. B	15. B
16. B	17. D	18. B	19. C	20. B
21. D	22. A	23. B	24. C	25. B
26. B	27. C	28. D	29. A	30. D
31. D	32. C	33. A	34. D	35. C
36. B	37. A	38. B	39. C	40. B

18.3 判断题

1. √	2. ×	3. √	4. ×	5. ×	6. √	7. √	8. ×	9. ×	10. ×
11. ×	12. √	13. ×	14. ×	15. √	16. ×	17. ×	18. ×	19. ×	20. √
21. ×	22. √	23. √	24. ×	25. √	26. √	27. ×	28. ×	29. ×	30. ×
31. √	32. ×	33. √	34. √	35. √	36. ×				

18.4 填空题

1. 运算器,控制器,内存储器,输入设备,输出设备
2. 系统软件,应用软件
3. 巨型化,微型化,网络化,智能化
4. 控制对象,自动调节,自动控制,实时控制
5. 计算机,通信
6. 电子器件的不同
7. 图灵机,图灵测试
8. 算术运算,逻辑运算
9. 控制器,运算器,内存储器

10. ROM,RAM,cache

11. 存储器,地址

12. 系统总线,地址总线,控制总线,数据总线

13. 表示方便,运算简单,可以进行逻辑运算,可靠性高,转换方便

14. 算术运算,逻辑运算

15. 操作码,操作数

16. Byte,8,4

17. 输入输出(I/O)

18. ASCII 码

19. 源程序,编译程序,目标程序

20. 内存储器

21. 4

22. 鼠标,键盘

23. 显示器

24. 非击打式

25. 70,97

26. 进位,基数,逢几进一

27. 与,或,非

28. 磁道,磁道,扇区,簇

18.5 计算题

1. 解：

$$(39)_{10} - (45)_{10} = (39)_{10} + (-45)_{10}$$

因为：

$$(39)_{10} = (00100111)_{原} = (00100111)_{反} = (00100111)_{补}$$

$$(-45)_{10} = (10101101)_{原} = (11010010)_{反} = (11010011)_{补}$$

所以：两数的补码之"和"$(00100111)_{补} + (11010011)_{补} = (11111010)_{补}$

即两数"和"的补码$(11111010)_{补} = (11111001)_{反} = (10000110)_{原} = (-6)_{10}$

故$(39)_{10} - (45)_{10} = (-6)_{10}$。

2. 略。

第 19 章　Windows 7 操作系统习题参考答案

19.1　单项选择题

1. C	2. D	3. A	4. D	5. D
6. D	7. A	8. D	9. B	10. C
11. B	12. C	13. D	14. C	15. A
16. B	17. C	18. A	19. B	20. A
21. A	22. A	23. B	24. C	25. D
26. A	27. B	28. D	29. A	30. A
31. A	32. A	33. D	34. C	35. C
36. D	37. D	38. D	39. B	40. A

19.2　填空题

1. 命令,图形

2. 存储管理,设备管理

3. 锁定任务栏

4. 快捷菜单,开始菜单

5. Ctrl,Shift

6. 锁定

7. 双击,指向

8. Win＋D,Ctrl＋Shift＋Esc

9. 开始按钮

10. PrtSc,Alt＋PrtSc

11. ＊计算机基础＊.txt

12. 反向选择

13. 隐藏

14. 分辨率

15. Ctrl＋C,Ctrl＋X,Ctrl＋V

16. 打开方式

17. 绝对,相对

18. 系统

19. Administrator,Guest

20. 快捷方式,双加

21. 磁盘清理,格式化

22. 文件和文件夹选项

19.3 简答题

1. 操作系统是一组控制和管理计算机硬件和软件资源,合理组织计算机的工作流程,支持程序运行,为用户提供交互界面,方便用户使用计算机的大型软件系统。

操作系统的 3 个主要作用如下。

(1) 对计算机中的硬件资源和软件资源进行管理,提高系统的资源利用率。

(2) 为其他软件和用户提供服务与接口,方便用户操作。

(3) 从逻辑上扩充机器,计算机上配置操作系统后,感觉更加方便,功能更强,似乎计算机的能力得到加强。

2. 操作系统的主要功能包括处理机管理、存储器管理、设备管理、文件管理和为用户接口。

(1) 处理机管理。以进程为单位,协调计算机中各任务的顺利完成。

(2) 存储器管理。存储器管理的主要任务是为多任务系统中各任务的运行提供良好的环境,方便用户使用存储器,提高存储的利用率并从逻辑上扩充内存。

(3) 设备管理。管理计算机中的输入输出设备,提高设备利用率。

(4) 文件管理。对用户文件和系统文件及文件存储空间进行管理,以方便用户使用。

(5) 用户接口。用户通过操作系统提供的用户接口方便地使用系统资源。

3. 鼠标操作一般有 5 种,分别是指向、单击、双击、右击和拖动。

(1) 指向。将鼠标的指针移动到某个对象并停留,作用是显示该对象的相关提示信息。

(2) 单击。将鼠标指向某对象后按一下左键,作用是选中一个对象作为当前操作目标。

(3) 双击。将鼠标指向某对象后快速单击两次,作用是运行该对象所关联的程序,或者打开目标文件。

(4) 右键单击。将鼠标指向某对象后按一下右键,作用是弹出与该对象相关联的快捷菜单。

(5) 拖动。将鼠标指向某对象后按下左键不松开,移动鼠标到预定位置后松开左键,其作用是移动或者复制某对象到某一个特定位置。

4. 对话框与一般窗口的区别在于对话框没有下拉菜单,不会显示在任务栏上等。

对话框与窗口的另一个区别在于它包含各种特定的表单对象,包括选项卡、文本框、单选按钮、复选框、列表框、下拉列表框和按钮等,用户通过这些表单对象的操作实现与系统的交互。

5. 快捷方式是与计算机或网络上可访问对象建立连接的一种扩展名为 lnk 的特殊文件,双击快捷方式可以在不打开资源管理器的情况下迅速打开它所关联的对象。

选中对象,在"文件"菜单或快捷菜单中,选择"创建快捷方式"命令,再将新创建的快捷方式移动或复制到目标位置。

如果用户存放快捷方式的目标位置是桌面,可在对象快捷菜单中选择"发送到→桌面快捷方式"。

6. 回收站是硬盘上的一个隐藏文件夹,用于暂存硬盘上被删除的文件和文件夹,直到被清空为止。

(1) 在执行删除操作时,长按 Shift 键,系统将给出是否删除的提示,单击"确定"按钮后,目标对象被彻底删除,不会进入回收站。

(2) 回收站是硬盘上的文件夹,因此移动存储设备上删除的文件时不进入回收站。

(3) 默认情况下,当文件超出回收站的最大容量时,不进入回收站,直接删除。

19.4　操作题

略。

第 20 章　网络技术习题参考答案

20.1　单项选择题

1. B　　2. B　　3. C　　4. A　　5. D　　6. A　　7. A

8. B　　9. D　　10. C　　11. A　　12. D　　13. B　　14. B

15. C　　16. D　　17. B　　18. B　　19. A　　20. A

20.2　填空题

1. 通信,资源
2. 交换机,路由器
3. 协议
4. 每秒位数
5. 开放系统互连,7,物理层、数据链路层、网络层、传输层、会话层、表示层、应用层
6. 32
7. URL
8. TCP/IP
9. IP 地址
10. 教育机构

20.3　简答题

略。

第 21 章　文字处理软件 Word 2010
习题参考答案

21.1　单项选择题

1. B	2. C	3. C	4. C	5. A	6. A	7. B
8. C	9. C	10. D	11. C	12. A	13. D	14. D
15. A	16. C	17. A	18. A	19. D	20. A	21. A
22. A	23. C	24. D	25. C	26. B	27. C	28. A
29. B	30. B	31. C	32. C	33. D	34. B	35. A
36. C	37. C	38. D	39. A	40. B	41. A	42. D
43. B	44. A	45. D	46. C	47. D	48. B	49. C
50. D	51. B	52. B	53. C	54. C	55. C	56. C
57. C	58. B	59. A	60. C			

21.2　填空题

1. docx
2. 状态
3. Ctrl＋S
4. Ctrl＋A
5. 文档的开头
6. Alt
7. Shift
8. 复制
9. Ctrl＋X
10. Ctrl＋V
11. 改写方式
12. 剪切法
13. 撤销
14. 页面视图
15. 大纲
16. 用鼠标将制表符拖离标尺
17. 段落
18. 悬挂

19. 首行

20. 页面布局

21. 格式刷

22. 段落

23. 水平

24. 拆分

25. 方向键→

26. 嵌入式, 浮动式, 嵌入式

27. Shift

21.3 判断题

1. ×	2. ×	3. ×	4. ×	5. ×	6. √	7. √
8. ×	9. ×	10. √	11. √	12. ×	13. √	14. √
15. √	16. √	17. √	18. ×	19. ×	20. ×	21. ×
22. √	23. ×	24. √	25. ×			

21.4 操作题

1. 操作题样张

经营美丽

美丽就得内外兼修；美丽就得保持内心的宁静与平和；美丽女人的迷人来自于秀外慧中的外表与内涵。

美丽是经营出来的，它是用一点一滴的专注合并而成的，它凝聚着一个女人对人生和生命的态度，彰显着她对世界的体会和思索，这些不是口红、粉底、漂亮的衣裙所能够代替和概括的。美丽，首先在于用心的经营，和男人经营自己的事业一样，经营美丽也需要智慧和认真，不同的是，美丽的意义显得更为隐性和广阔。人活在大千世界其实最容易忽视的就是自己，而美丽所首先要求正是对自己身体的关注和热爱，继而让自己成为唯一的主角，走上若干个不同的舞台，美丽让女人变得夺目。

美丽是女人一生的事业，事业和家庭的美丽，才是我们最美丽的追求……

2. 操作题样张

姓名	英语	语文	数学	平均成绩
赵兵	98	97	96	97
张毅	89	74	90	84.33
李嘉	67	78	76	73.67
孙丁	76	56	60	64

3. 操作题样张

来自星星的你

《来自星星的你》
韩国 SBS 电视台 2013 年
月末播出的水木特别企
剧，由张太侑导演，朴
思编剧，金秀贤、全智
主演。

是
12
划
智
贤

该剧在韩国播出时最高收视率达 27.4%，网络最高收视率达
68.9%，均位居韩国 2013 年迷你剧第一位。在中国网站点击量超
过 16 亿，并在整个亚洲地区走红。

4. 操作题样张

第1章 职业概述

现实生活中，职业活动是每个人社会生活中的重要组成部分，对于即将毕业、怀揣梦想的大学生，选择一份适合自己的职业是事业成功的第一步。人的社会生活和工作领域是非常广阔的。职业门类及其繁多，如何在其中选择一份适道和理想的职业呢？对职业基本知识的了解毫无疑问的成为我们的第一课。

1.1 职业概述

1.1.1 职业的含义

什么是职业？众说纷纭，没有一个统一的概念，从不同的角度可以有不同的理解。

从词义学的角度看，"职业"一词，由"职"与"业"构成，所谓"职"，是指职位职责，"业"是行业、事业，也有人认为"职"包含社会职责、天职、权利和义务的意思，认为"业"包含着从事业务事业、事情、独立性工作的意思。

在《国家职业大典》里，劳动与社会保障部明确规定了职业的5个要素：一是职业名称，它是职业的符号特征；二是工作的对象、内容、劳动方式和场所；三是特定的职业资格和能力；四是职业所提供的各种报酬；五是在工作中建立的各种人际关系。

1.1.2 职业的特征

职业是个人在社会中所从事的作为主要生活来源的工作，职业具有如下特征。

1. 社会性

职业充分体现了社会分工，是社会生产力发展的产物，每一种职业都体现社会分工的细化，体现对社会生产和社会进步的积极作用。

2. 经济性

执业活动是以获得谋生的经济来源为目的的，劳动者在承担职业岗位职责并完成工作任务和过程中要索取经济报酬，既是社会、企业及用人部门对劳动者付出劳动的回报和代价。也是维持家庭和社会稳定的基础。

3. 专业性

任何职位岗位，都有相应的职责要求，要求从业人员具备一定的专业技能知识，包括较长时间专业知识的学习或技能培训。

4. 稳定性

职业产生后，总是保持相对稳定，不会因为社会形态不同和更替而改变。当然这种稳定性是相对的，随着现代化的快速发展，特别是科学技术的日新月异，促使原有职业活动产生变化，一些新的职业应时代需产生原有职业或在时代的大发展中当然挺立，或被时代的潮流淹没。

第 22 章 电子表格软件 Excel 2010
习题参考答案

22.1 单项选择题

1. C	2. D	3. C	4. B	5. C	6. B	7. D
8. B	9. C	10. C	11. D	12. A	13. B	14. B
15. D	16. D	17. C	18. C	19. A	20. A	21. A
22. A	23. A	24. D	25. D	26. A	27. D	28. B
29. B	30. A	31. D	32. D	33. C	34. A	35. B
36. B	37. B	38. A	39. A	40. B	41. A	42. B
43. A	44. A	45. C	46. D	47. A	48. D	49. D
50. A	51. C	52. B	53. C	54. B	55. A	56. A
57. D	58. D	59. A	60. C	61. B	62. C	63. C
64. B	65. A	66. C	67. D	68. B	69. A	70. C
71. D	72. D	73. B	74. C			

22.2 判断题

1. √	2. ×	3. ×	4. √	5. ×	6. ×	7. ×
8. ×	9. √	10. √	11. ×	12. ×	13. √	14. √
15. ×	16. ×	17. ×	18. ×	19. ×	20. ×	

22.3 填空题

1. ＝＄B5＋D4
2. 工作表,单元格,单元格
3. 列标,行标,A,2
4. 常数,单元格名称,单元格引用,函数,运算符,＝
5. 取消,确定,输入
6. 相对引用,绝对引用,混合引用
7. ♯
8. 左,右,居中
9. ＜函数名＞(＜参数表＞)、,、,＝
10. 当前单元格(或活动单元格)

11. ＝＄A＄1＋B2

12. 值相同，排序

13. 逻辑与，逻辑或

14. 嵌入式图表，独立式图表

22.4 操作题

1. 公式、函数练习。操作结果如图 22-1 所示。操作步骤如下。

	A	B	C	D	E	F	G
1	消费调查表						
2	调查编号	姓名	总收入（年）	花费（年）	消费比例	剩余	收入水平
3	1001	张玲玲	￥83,734	￥42,345	0.51	￥41,389	高收入
4	1002	刘银彬	￥25,428	￥12,389	0.49	￥13,039	中等收入
5	1003	王永光	￥3,184	￥489	0.15	￥2,695	低收入
6	1004	刘杰	￥64,932	￥12,367	0.19	￥52,565	高收入
7	1005	梁景丽	￥9,356	￥5,500	0.59	￥3,856	低收入
8	1006	刘娟	￥3,238	￥1,456	0.45	￥1,782	低收入
9	1007	董桦	￥24,214	￥4,589	0.19	￥19,625	中等收入
10	1008	赵葆光	￥8,527	￥4,367	0.51	￥4,160	低收入
11	1009	赵子雄	￥13,109	￥8,790	0.67	￥4,319	低收入
12	1010	陆清平	￥43,954	￥3,444	0.08	￥40,510	高收入
13	1011	赵可忠	￥63,109	￥34,512	0.55	￥28,597	高收入
14	1012	李天标	￥3,107	￥435	0.14	￥2,672	低收入
15	1013	李航	￥3,213	￥3,434	1.07	-￥221	低收入
16		平均值	￥26,854	￥10,317	0.43	￥16,538	

图 22-1 结果图（一）

（1）在 E3 单元格填入"＝D3/C3"。

（2）在 F3 单元格填入"＝C3−D3"。

（3）在 C16 单元格填入"＝AVERAGE（C3：C15）"；在 D16 单元格填入"＝AVERAGE(D3：D15)"。

（4）在 G3 单元格填入"＝IF(C3＞＝30000,"高收入",IF(C3＞20000,"中等收入","低收入"))"。

（5）拖动自动填充柄填充。

（6）选中 C、D、F 3 列，右击，在弹出的快捷菜单选择"设置单元格格式"命令，在弹出的对话框选择"数字"→"分类"→"货币"，选择相应内容。选择 E 列重复上述操作，在"数字"选项卡中选择"数值"，选择相应内容。

2. 图表练习。操作结果如图 22-2 所示。

图 22-2 结果图（二）

3．综合练习 1。第(1)～(12) 题结果如图 22-3(a)所示；第(13)题筛选条件如图 22-3(b) 所示，结果如图 22-3(c)所示；第(14)题结果如图 22-3(d)所示。

(a) 结果图(三)

	G	H
	图书系列	销售单价
	计算机文化基础	
		>=45

(b) 筛选条件

14	出版社	图书系列	销售数量	销售单价	总销售额
15	高教	VC	19	￥45	￥855
16	科学	计算机文化基础	50	￥25	￥1,250
17	清华	VC	18	￥46	￥828
18	清华	计算机文化基础	30	￥28	￥840
19	人民	计算机文化基础	19	￥26	￥494

(c) 结果图(四)

(d)结果图(五)

图 22-3　各种结果图

4．综合练习 2。第(1)～(4)题结果如图 22-4(a)所示；第(5)题结果如图 22-4(b) 所示；第(6)题结果如图 22-4(c)所示；第(7)题结果如图 22-4(d)所示；第(8)题结果如 图 22-4(e)所示；第(9)题结果如图 22-4(f)所示。

	A	B	C	D	E	F	G	H
1				职工工资表				
2	职工编号	姓名	性别	职称	基础工资	津贴	水电费	实发工资
3	199810	司马剑	男	工程师	￥2,620	￥1,572	￥110	￥4,082
4	199808	杨光	男	讲师	￥2,620	￥1,572	￥35	￥4,157
5	199001	余建	男	高级工程师	￥2,980	￥1,788	￥198	￥4,570
6	199002	胡嘉	男	副教授	￥3,300	￥1,980	￥205	￥5,075
7	199802	高金宇	男	副教授	￥3,300	￥1,980	￥210	￥5,070
8	199006	张力方	男	副教授	￥3,480	￥2,088	￥160	￥5,408
9	199310	许建国	男	教授	￥4,470	￥2,682	￥188	￥6,964
10	200612	阿依古丽	女	讲师	￥2,540	￥1,524	￥10	￥4,054
11	199801	靳德芳	女	讲师	￥2,620	￥1,572	￥40	￥4,152
12	200605	齐雷	女	副教授	￥3,210	￥1,926	￥35	￥5,101
13	199316	刘欣	女	教授	￥4,190	￥2,514	￥180	￥6,524
14	199013	王尚云	女	教授	￥4,470	￥2,682	￥246	￥6,906
15	199806	李敏君	女	教授	￥4,760	￥2,856	￥256	￥7,360

(a) 结果图(六)

职工工资津贴图表

■基本工资
■津贴

胡嘉　高金宇　张力方

(b) 结果图(七)

	A	B	C	D	E	F	G	H
1	职工编号	姓名	性别	职称	基础工资	津贴	水电费	实发工资
6				副教授 平均值	3322.50	1993.50		
7	4			副教授 计数				
9				高级工程师 平均值	2980.00	1788.00		
10	1			高级工程师 计数				
12				工程师 平均值	2620.00	1572.00		
13	1			工程师 计数				
17				讲师 平均值	2593.33	1556.00		
18	3			讲师 计数				
23				教授 平均值	4472.50	2683.50		
24	4			教授 计数				
25				总计平均值	3427.69	2056.62		
26	13			总计数				

(c) 结果图(八)

15	平均值项:基础工资	职称		
16	性别	副教授	教授	总计
17	男	3360.00	4470.00	3637.50
18	女	3210.00	4473.33	4157.50
19	总计	3322.50	4472.50	3897.50

(d) 结果图(九)

图 22-4　综合练习 2 结果

	A	B	C	D	E	F	G	H
1	职工编号 ▾	姓名 ▾	性别 ▾	职称 ▾	基础工资 ▾	津贴 ▾	水电费 ▾	实发工资 ▾
4	199316	刘欣	女	教授	4190.00	2514.00	180.00	6524.00
5	199806	李敏君	女	教授	4760.00	2856.00	256.00	7360.00
8	199013	王尚云	女	教授	4470.00	2682.00	246.00	6906.00

(e) 结果图(十)

(f) 结果图(十一)

图 22-4　综合练习 2 结果(续)

第 23 章　演示文稿软件 PowerPoint 2010
习题参考答案

23.1　单项选择题

1. B	2. D	3. B	4. B	5. D	6. D	7. A
8. B	9. D	10. C	11. A	12. C	13. D	14. C
15. B	16. A	17. D	18. B	19. D	20. D	21. D
22. B	23. C	24. B	25. D	26. B	27. D	28. D
29. D	30. C	31. D	32. C	33. B	34. C	35. C
36. D	37. B	38. B	39. A	40. A		

23.2　判断题

1. √	2. ×	3. ×	4. ×	5. √	6. √	7. ×	8. ×
9. √	10. √	11. ×	12. ×	13. ×	14. ×	15. √	16. ×
17. ×	18. ×	19. √	20. ×	21. √	22. √	23. ×	24. ×

23.3　填空题

1. 演示文稿,pptx
2. 媒体,音频,视频
3. 自动调整选项,根据占位符调整文本
4. 自定义放映
5. 幻灯片母版,备注母版,讲义母版
6. 关闭,所有幻灯片
7. 幻灯片浏览视图
8. 切换,动画
9. 幻灯片放映,设置幻灯片放映
10. 幻灯片母版
11. 讲义
12. 复制所选幻灯片
13. 占位符
14. Ctrl＋M,F5,Shift＋F5
15. Esc

23.4 简答题

1. 在 PowerPoint 2010 中,占位符的文本与文本框中的文本在使用中有什么区别?

①文本占位符由幻灯片的版式和母版格式决定,而文本框则是通过"插入"操作添加到幻灯片上。②文本占位符中的内容可以在大纲视图中显示,而文本框中的内容则不能显示。③当输入的文本内容过多或过少时,文本占位符可以自动调整字号的大小以适应;而文本框则是自动调整自身的高度以适应。④文本框可以与各种图形、图片、公式等对象构成一个更复杂的组合对象,而文本占位符则不能进行组合。

2. 占位符的"自动调整选项"按钮什么时候会出现? 都有哪些选项? 分别有什么含义?

如果在文本占位符中出现输入文字占满整个窗口的情况,会在占位符左下侧自动产生一个"自动调整选项"按钮,默认是"根据占位符调整文本"。

不同选项的含义分别如下。

① "根据占位符调整文本"。PowerPoint 2010 自动调整文本大小。

② "停止根据此占位符调整文本"。PowerPoint 2010 不自动调整文本大小。

③ "拆分两个幻灯片间的文本"。将文本分配到两个幻灯片中。

④ "在新幻灯片上继续"。创建一张新的并且具有相同标题的空白幻灯片。

⑤ "将幻灯片更改为两列版式"。将原始幻灯片中的单列版式改为双列版式。

⑥ "控制自动更正选项"。关闭或者打开某种自动更正功能。

3. 在 PowerPoint 2010 中,主题和母版的作用是什么? 两者有何区别?

利用 PowerPoint 2010 的主题、母版可以快速地美化幻灯片,并使演示文稿中的所有幻灯片具有一致的外观风格。

PowerPoint 2010 的主题包含协调配色方案、背景、字体样式和占位符位置,它是主题效果、主题颜色和主题字体三者的结合。PowerPoint 2010 提供了很多主题供用户使用,用户也可以根据实际需要创建自己的主题。选用某个主题后,可以指定选定的幻灯片或者文稿中的所有幻灯片应用主题。

幻灯片母版是幻灯片层次结构中的顶层幻灯片,用于存储有关演示文稿的主题和幻灯片版式的信息,包括背景、颜色、字体、效果、占位符大小和位置。每个演示文稿至少包含一个幻灯片母版。修改和使用幻灯片母版的主要优点是人们可以对演示文稿中的每张幻灯片(包括以后添加到演示文稿中的幻灯片)进行统一的样式更改。

4. 在 PowerPoint 2010 中实现动态效果的方法有哪些?

演示文稿由一张张的幻灯片组成,放映演示文稿时,在默认设置中,通过放映者的操作(单击或者按 Enter 键等),幻灯片按制作的先后次序逐张出现在屏幕上。在 PowerPoint 2010 中,一张幻灯片的放映其实包括两部分内容:一是幻灯片本身;二是幻灯片上的各种对象(文本、图形、图像等)。幻灯片本身的出现方式在 PowerPoint 2010 中称为"切换";幻灯片上的各种对象的出现方式,在 PowerPoint 2010 中称为"动画"。

幻灯片的切换效果是在演示期间从一张幻灯片移到下一张幻灯片时在"幻灯片放映"

视图中出现的动态效果。可以控制切换效果的速度,添加声音,还可以对切换效果的属性进行自定义。

幻灯片切换是设置整张幻灯片在放映过程中的出现方式,而幻灯片动画则是设置幻灯片上每个对象的出现效果,即给幻灯片上的文本或对象添加进入、退出、大小或者颜色变化甚至移动等视觉效果或声音效果。

5. 在 PowerPoint 2010 中有哪些方法可以实现超链接?可以超链接到哪些对象?

PowerPoint 2010 中实现超链接的方法有两种:"超链接"和"动作"。

"超链接"能够链接到目标有 4 种类型:"现有的文件或网页""本文档中的位置""新建文档"和"电子邮件地址"。

"动作"能够链接到目标有"下一张幻灯片""上一张幻灯片""第一张幻灯片""最后一张幻灯片""最近观看的幻灯片""结束放映""自定义放映""幻灯片…""URL…""其他 PowerPoint 文稿…"和"其他文件…"。

6. 在 PowerPoint 2010 中幻灯片的放映方式有哪些?分别在什么情况下使用?

PowerPoint 2010 可以设置不同的放映方式。在"幻灯片放映"选项卡的"设置"组中,单击"设置幻灯片放映"按钮,打开"设置放映方式"对话框,其中,"放映类型"为"演讲者放映(全屏幕)""放映幻灯片"为"全部","换片方式"为"如果存在排列时间,则使用它",这是默认设置。

在某些场合,如在展会上向用户介绍产品,这时可能希望幻灯片能够自行放映,而且最后一张幻灯片播完后,再从第 1 张开始重播,同时禁止观众通过鼠标或键盘操纵放映的速度和顺序,只有按 Esc 键,才可以停止放映。此时可以通过将"放映类型"设置为"在展台浏览(全屏幕)",但必须为每张幻灯片设置自动换片时间。

如果将"放映类型"设置为"观众自行浏览(窗口)",演示文稿则在窗口中放映,浏览者可以用滚动条或 PgUp、PgDn 键在各张幻灯片之间移动;也可以复制、打印幻灯片,甚至对幻灯片进行编辑,还可以同时打开其他程序或浏览其他演示文稿等。这是为了方便从网上浏览演示文稿。

另外,在"放映幻灯片"可以设置放映范围,或者设置一个自定义放映。如果将换片方式设置成"手动",则无论是否设置了幻灯片的切换时间,都需要演讲者自行控制幻灯片的切换。

23.5　操作题

略。

第24章　多媒体技术习题参考答案

24.1　单项选择题

1. D	2. B	3. D	4. A	5. B	6. C	7. A
8. C	9. C	10. C	11. B	12. D	13. B	14. A
15. A	16. D	17. B	18. B	19. D	20. B	21. D
22. C	23. D	24. C	25. A	26. D	27. C	28. D
29. A	30. A	31. C	32. D	33. C	34. A	35. D
36. D	37. D	38. A	39. A	40. B	41. D	42. A
43. B	44. A	45. B	46. A	47. D	48. B	49. A
50. B						

24.2　填空题

1. 图形,图像,声音,视频
2. RM 格式,ASF,WMV 格式
3. 采样,量化,编码
4. 无损压缩,有损压缩
5. 采样,量化,编码

24.3　简答题

1. 什么是多媒体? 什么是多媒体技术?

多媒体是信息表示媒体的多样化,常见的多媒体有文本、图形、图像、声音、视频、动画等多种形式。

多媒体技术是利用计算机技术把文本、声音、图像、视频、动画等多种媒体进行综合处理,使多种信息之间建立逻辑连接,集成为一个完整的系统并具有交互性。

2. 什么是声音的采样和量化?

采样时每隔一定的时间间隔在模拟波形上取一个幅度值,从而得到一系列的声音采样值,把时间上的连续信号变成时间上的离散信号。

量化是将每个采样点的幅度值以数字存储。

3、4、5 题略。

第 25 章　软件开发技术习题参考答案

25.1　单项选择题

1. A	2. C	3. C	4. B	5. D	6. C	7. B
8. D	9. B	10. A	11. B	12. D	13. A	14. C
15. C	16. D	17. D	18. D	19. C	20. D	21. A
22. B	23. B	24. A	25. D	26. D	27. A	28. B
29. C	30. C					

25.2　填空题

1. 算法,数据结构

2. 正确性,效率

3. 数据对象,数据对象中所有元素之间关系的有限集合

4. 线性结构,非线性结构

5. 一个,一个

6. 栈,队列

7. 2^k-1,k

8. DBCA

9. 顺序查找,二分法查找(或者折半)

10. 快速排序

11. 自顶向下、逐步求精,程序模块化,限制使用 goto

12. 顺序结构,分支结构,循环结构

13. 稳定性好,可重用性好

14. 封装,继承,多态

15. 应用软件,系统软件

16. 方法,工具,过程

17. 软件规格说明,软件开发,软件确认,软件发展

18. 需求规格说明书

19. 数据流,加工

20. 高内聚,低耦合

21. 数据设计,编写概要设计文档

22. 动态测试,静态测试,黑盒测试,白盒测试

23. 逻辑覆盖测试,基本路径测试

24. 等价类划分,边界值分析,错误推测
25. 单元测试,集成测试,确认测试,系统测试

25.3 简答题

略。

第 26 章　信息安全技术习题参考答案

26.1　单项选择题

1. B　　　2. A　　　3. C　　　4. D　　　5. B
6. A　　　7. D　　　8. D　　　9. A　　　10. C

26.2　判断题

1. ×　　　2. ×　　　3. √　　　4. ×　　　5. √
6. √　　　7. √　　　8. ×　　　9. ×　　　10. ×

26.3　填空题

1. worm
2. 隐蔽性,潜伏性
3. 可用性,可靠性,完整性,保密性,不可否认性
4. 计算机安全,网络安全
5. 对称式
6. 数字签名技术

第 27 章　计算机发展新技术习题参考答案

27.1　填空题

1. 数据体量大,数据类型繁多,处理速度快,价值密度低
2. 数据清理,数据集成,数据归约,数据转换
3. Google 公司
4. 资源配置动态化,需求服务自助化,以网络为中心,服务可计量化,资源的池化和透明化
5. 基因工程,纳米科学,人工智能
6. 结构模拟,功能模拟
7. 采用传统的编程技术,模拟法
8. 认知 AI,机器学习 AI,深度学习 AI

27.2　简答题

1. 简述大数据的特征。

大数据的特点:第一,数据体量巨大。从 TB 级别,跃升到 PB 级别。第二,数据类型繁多。如网络日志、视频、图片、地理位置信息等。第三,处理速度快。可从各种类型的数据中快速获得高价值的信息,这一点也是和传统的数据挖掘技术有着本质的不同。第四,只要合理利用数据并对其进行正确、准确地分析,将会带来很高的价值回报。

2. 简述大数据的处理流程。

大数据处理流程主要包括数据收集、数据预处理、数据存储与管理、数据处理与分析、数据可视化与应用等环节,其中数据质量贯穿于整个大数据流程,每一个数据处理环节都会对大数据质量产生影响作用。

(1) 数据收集。在数据收集过程中,数据源会影响大数据质量的真实性、完整性数据收集、一致性、准确性和安全性。

(2) 数据预处理。大数据的预处理环节主要包括数据清理、数据集成、数据归约与数据转换等内容,可以大大提高大数据的总体质量,是大数据过程质量的体现。

(3) 数据存储与管理。收集好的数据需要根据成本、格式、查询、业务逻辑等需求,存放在合适的存储中,方便进一步地分析。利用分布式文件系统、数据仓库、关系数据库、NoSQL 数据库、云数据库等,实现对结构化、半结构化和非结构化海量数据的存储和管理。

(4) 数据处理与分析。大数据的分布式处理技术与存储形式、业务数据类型等相关,针对大数据处理的主要计算模型有 MapReduce 分布式计算框架、分布式内存计算系统、

分布式流计算系统等。

大数据分析技术主要包括已有数据的分布式统计分析技术和未知数据的分布式挖掘、深度学习技术。

(5) 数据可视化与应用。数据可视化是指将大数据分析与预测结果以计算机图形或图像的直观方式显示给用户的过程,并可与用户进行交互式处理。大数据应用是指将经过分析处理后挖掘得到的大数据结果应用于管理决策、战略规划等的过程,它是对大数据分析结果的检验与验证,大数据应用过程直接体现了大数据分析处理结果的价值性和可用性。大数据应用对大数据的分析处理具有引导作用。

3. 简述云计算的主要特征。

(1) 资源配置动态化。根据消费者的需求动态划分或释放不同的物理和虚拟资源。

(2) 需求服务自助化。云计算为客户提供自助化的资源服务,用户无须同提供商交互就可自动得到自助的计算资源能力。

(3) 以网络为中心。云计算的组件和整体构架由网络连接在一起并存在于网络中,同时通过网络向用户提供服务。

(4) 服务可计量化。在提供云服务过程中,针对客户不同的服务类型,通过计量的方法来自动控制和优化资源配置。

(5) 资源的池化和透明化。对云服务的提供者而言,各种底层资源的异构性被屏蔽,边界被打破,所有的资源可以被统一管理和调度,成为"资源池",从而为用户提供按需服务。

4. 简述人工智能的不同分支。

(1) 认知 AI。认知 AI(cognitive AI)是最受欢迎的一个人工智能分支,负责所有感觉"像人一样"的交互。认知 AI 必须能够轻松地处理复杂性和二义性,同时还持续不断地在数据挖掘、NLP(自然语言处理)和智能自动化的经验中学习。

(2) 机器学习 AI。机器学习 AI(machine learning AI)处于计算机科学的前沿,但将来有望对日常工作场所产生极大的影响。机器学习 AI 是要在大数据中寻找一些"模式",然后在没有过多的人为解释的情况下,用这些模式来预测结果,而这些模式在普通的统计分析中是看不到的。

(3) 深度学习 AI。深度学习 AI 将大数据和无监督算法的分析相结合。它的应用通常围绕着庞大的未标记数据集,这些数据集需要结构化成互联的群集。深度学习 AI 的这种灵感完全来自人们大脑中的神经网络,因此可恰当地称其为人工神经网络。

第 28 章　综合习题参考答案

28.1　计算机基础知识

1. D	2. C	3. B	4. A	5. D	6. A
7. B	8. C	9. C	10. D	11. A	12. C
13. A	14. B	15. D	16. A	17. C	18. B
19. A	20. D	21. A	22. C	23. A	24. D

28.2　文字处理软件 Word

1. B	2. D	3. A	4. C	5. D	6. B
7. C	8. A	9. C	10. A	11. C	12. C

28.3　电子表格软件 Excel

1. B	2. C	3. D	4. B	5. B	6. C
7. D	8. B	9. B	10. B	11. C	12. A

28.4　演示文稿软件 PowerPoint

1. D	2. D	3. C	4. A	5. D	6. D
7. C	8. A	9. D	10. A	11. C	12. B

28.5　数据结构与算法

1. B	2. A	3. A	4. D	5. B	6. B
7. C	8. B	9. D	10. B	11. B	12. B
13. D	14. C	15. A	16. D	17. C	18. B
19. B	20. A				

28.6　程序设计与软件工程

1. C	2. D	3. B	4. A	5. B	6. A
7. C	8. A	9. A	10. B	11. C	12. B
13. C	14. B	15. D	16. D	17. C	18. A
19. A	20. C				

附录 A 全国计算机等级考试二级 MS Office 高级应用考试真题

一、单项选择题(20 分)

1. 一个栈的初始状态为空,现将元素 1、2、3、4、5、A、B、C、D、E 依次入栈,然后再依次出栈,则元素出栈的顺序是(   )。

    A. 12345ABCDE

    B. EDCBA54321

    C. ABCDEl2345

    D. 54321EDCBA

2. 下列叙述中正确的是(   )。

    A. 循环队列有队头和队尾两个指针,因此,循环队列是非线性结构

    B. 在循环队列中,只需要队头指针就能反映队列中元素的动态变化情况

    C. 在循环队列中,只需要队尾指针就能反映队列中元素的动态变化情况

    D. 循环队列中元素的个数由队头指针和队尾指针共同决定

3. 在长度为 n 的有序线性表中进行二分查找,最坏情况下需要比较的次数是(   )。

    A. $O(n)$ B. $O(n^2)$ C. $O(\log_2 n)$ D. $O(n\log_2 n)$

4. 下列叙述中正确的是(   )。

    A. 顺序存储结构的存储一定是连续的,链式存储结构的存储空间不一定是连续的

    B. 顺序存储结构只针对线性结构,链式存储结构只针对非线性结构

    C. 顺序存储结构能存储有序表,链式存储结构不能存储有序表

    D. 链式存储结构比顺序存储结构节省存储空间

5. 数据流图中带有箭头的线段表示的是(   )。

    A. 控制流   B. 事件驱动   C. 模块调用   D. 数据流

6. 在软件开发中,需求分析阶段可以使用的工具是(   )。

    A. N-S 图   B. DFD   C. PAD   D. 程序流程图

7. 在面向对象方法中,不属于"对象"基本特点的是(   )。

    A. 一致性   B. 分类性   C. 多态性   D. 标识唯一性

8. 一间宿舍可住多个学生,则实体宿舍和学生之间的联系是(   )。

    A. 一对一   B. 一对多   C. 多对一   D. 多对多

9. 在数据管理技术发展的 3 个阶段中,数据共享最好的是(   )。

    A. 人工管理阶段

    B. 文件系统阶段

    C. 数据库系统阶段

    D. 3 个阶段相同

10. 有 3 个关系 R、S 和 T 如下：

	R	
B	C	D
a	0	k1
b	1	n1

	S	
B	C	D
f	3	h2
a	0	k1
n	2	x1

	T	
B	C	D
a	0	k1

由关系 R 和 S 通过运算得到关系 T，则所使用的运算为（　　）。

    A. 笛卡儿积　　　　B. 交　　　　　　C. 并　　　　　　D. 自然连接

11. 在计算机中，组成 1 字节的二进制位位数是（　　）。

    A. 1　　　　　　　B. 2　　　　　　　C. 4　　　　　　　D. 8

12. 下列选项属于"计算机安全设置"的是（　　）。

    A. 定期备份重要数据　　　　　　　B. 不下载来路不明的软件及程序

    C. 停掉 Guest 账号　　　　　　　　D. 安装杀（防）毒软件

13. 下列设备组中，完全属于输入设备的一组是（　　）。

    A. CD-ROM 驱动器，键盘，显示器

    B. 绘图仪，键盘，鼠标器

    C. 键盘，鼠标器，扫描仪

    D. 打印机，硬盘，条码阅读器

14. 下列软件中，属于系统软件的是（　　）。

    A. 航天信息系统　　　　　　　　　B. Office 2003

    C. Windows Vista　　　　　　　　　D. 决策支持系统

15. 如果删除一个非零无符号二进制偶整数后的两个 0，则此数的值为原数（　　）。

    A. 4 倍　　　　　　B. 2 倍　　　　　　C. 1/2　　　　　　D. 1/4

16. 计算机硬件能直接识别、执行的语言是（　　）。

    A. 汇编语言　　　　B. 机器语言　　　　C. 高级程序语言　　D. C++ 语言

17. 微机硬件系统中最核心的部件是（　　）。

    A. 内存储器　　　　B. 输入输出设备　　C. CPU　　　　　　D. 硬盘

18. 用"综合业务数字网"（又称为"一线通"）接入因特网的优点是上网通话两不误，它的英文缩写是（　　）。

    A. ADSL　　　　　　B. ISDN　　　　　　C. ISP　　　　　　D. TCP

19. 计算机指令由两部分组成，它们是（　　）。

    A. 运算符和运算数　　　　　　　　B. 操作数和结果

    C. 操作码和操作数　　　　　　　　D. 数据和字符

20. 能保存网页地址的文件夹是（　　）。

    A. 收件箱　　　　　B. 公文包　　　　　C. 我的文档　　　　D. 收藏夹

二、Word 操作题（30 分）

北京××大学信息工程学院讲师张东明撰写了一篇名为"基于频率域特性的闭合轮廓描述子对比分析"的学术论文，拟投稿于某大学学报，根据该学报相关要求，论文必须遵照该学报论文样式进行排版。请根据考生文件夹下"素材.docx"和相关图片文件完成排版任务，具体要求如下。

1. 将素材文件"素材.docx"另存为"论文正样.docx"，保存于考生文件夹下，并在此文件中完成所有要求，最终排版不超过 5 页，样式可参考考生文件夹下的"论文正样 1.jpg"到"论文正样 5.jpg"。

2. 论文页面设置成 A4 幅面，上下左右边距分别为 3.5cm、2.2cm、2.5cm 和 2.5cm。论文页面只指定行网格（每页 42 行），页脚距边距为 1.4cm，在页脚居中位置设置页码。

3. 论文正文以前的内容，段落不设首行缩进，其中论文标题、作者、作者单位的中英文部分均居中显示，其余为两端对齐。文章编号为黑体小五号字，论文标题（红色字体）大纲级别为 1 级，样式为标题 1，中文为黑体，英文为 Times New Roman，字号为三号。作者姓名的字号为小四，中文为仿宋，西文为 Times New Roman。作者单位、摘要、关键字、中图分类号等中英文部分字号为小五，中文为宋体，西文为 Times New Roman，其中摘要、关键字、中图分类号等中英文内容的第一个词（冒号前面的部分）设置为黑体。

4. 参考"论文正样 1.jpg"示例，将作者姓名后面的数字和作者单位前面的数字（含中文、英文两部分），设置正确的格式。

5. 自正文开始到参考文献列表为止，页面布局分为对称两栏。正文（不含图、表、独立成行的公式）为五号字（中文为宋体，西文为 Times New Roman），首行缩进 2 字符，行距为单倍行距；表注和图注为小五号（表注中文为黑体，图注中文为宋体，西文均用 Times New Roman），居中显示，其中正文中的"表 1""表 2"与相关表格有交叉引用关系（注意："表 1""表 2"的"表"字与数字之间没有空格），参考文献列表为小五号字，中文为宋体，西文均用 TimesNewRoman，采用项目编号，编号格式为"［序号］"。

6. 素材中黄色字体部分为论文的第一层标题，大纲级别为 2 级，样式为标题 2，多级项目编号格式为"1、2、3、…"，字体为黑体、黑色、四号，段落行距为最小值 30 磅，无段前段后间距；素材中蓝色字体部分为论文的第二层标题，大纲级别 3 级，样式为标题 3，对应的多级项目编号格式为"2.1、2.2、…、3.1、3.2、…"，字体为黑体、黑色、五号，段落行距为最小值 18 磅，段前段后间距为 3 磅，其中参考文献无多级编号。

二维码 1

注：素材.docx 见二维码 1，完成样式 1～6 见二维码 2。

三、Excel 操作题（30 分）

为让利消费者，提供更优惠的服务，某大型收费停车场规划调整收费标准，拟从原来"不足 15 分钟按 15 分钟收费"调整为"不足 15 分钟部分不收费"的收费政策。市场部抽取了 2014 年 5 月 26 日至 6 月 1 日的停车收费记录进行数据分析，以期掌握该项政策调整后营业额的变化情况。请根据考生

二维码 2

文件夹下"素材.xlsx"中的各种表格,帮助市场分析员小罗完成此项工作,具体要求如下。

1. 将"素材.xlsx"文件另存为"停车场收费政策调整情况分析.xlsx",所有的操作基于此新保存好的文件。

2. 在"停车收费记录"表中,涉及金额的单元格格式均设置为保留2位的数值类型。依据"收费标准"表,利用公式将收费标准对应的金额填入"停车收费记录"表中的"收费标准"列;利用出场日期、出场时间与进场日期、进场时间的关系,计算"停放时间"列,单元格格式为时间类型的"××时××分"。

3. 依据停放时间和收费标准,计算当前收费金额并填入"收费金额"列;计算拟采用的收费政策的预计收费金额并填入"拟收费金额"列;计算拟调整后的收费与当前收费之间的差值并填入"差值"列。

4. 将"停车收费记录"表中的内容套用表格格式"表样式中等深浅12",并添加汇总行,最后三列"收费金额""拟收费金额"和"差值"汇总值均为求和。

5. 在"收费金额"列中,将单次停车收费达到100元的单元格突出显示为黄底红字的货币类型。

6. 新建名为"数据透视分析"的表,在该表中创建3个数据透视表,起始位置分别为A3、A11、A19单元格。第一个透视表的行标签为"车型",列标签为"进场日期",求和项为"收费金额",可以提供当前的每天收费情况;第二个透视表的行标签为"车型",列标签为"进场日期",求和项为"拟收费金额",可以提供调整收费政策后的每天收费情况;第三个透视表的行标签为"车型",列标签为"进场日期",求和项为"差值",可以提供收费政策调整后每天的收费变化情况。

二维码3

注:素材.xlsx见二维码3。

四、PowerPoint 操作题(20分)

"天河二号超级计算机"是我国独立自主研制的超级计算机系统,2014年6月再登"全球超算500强"榜首,为祖国再次挣得荣誉。作为北京市第**中学初二年级物理老师,李晓玲老师决定制作一个关于"天河二号"的演示幻灯片,用于学生课堂知识拓展。请你根据考生文件夹下的素材"天河二号素材.docx"及相关图片文件,帮助李老师完成制作任务,具体要求如下。

1. 演示文稿共包括10张幻灯片,标题幻灯片1张,概况2张,特点、技术参数、自主创新和应用领域各1张,图片欣赏3张(其中,1张为图片欣赏标题页)。幻灯片必须选择一种设计主题,要求字体和色彩合理,美观大方。所有幻灯片中除了标题和副标题,其他文字的字体均设置为"微软雅黑"。演示文稿保存为"天河二号超级计算机.pptx"。

2. 第1张幻灯片为标题幻灯片,标题为"天河二号超级计算机",副标题为"——2014年再登世界超算榜首"。

3. 第2张幻灯片采用"两栏内容"的版式,左边一栏为文字,右边一栏为图片,图片为考生文件夹下的"Image1.jpg"。

4. 以下的第3张~第7张幻灯片的版式均为"标题和内容"。素材中的黄底文字即为相应页幻灯片的标题文字。

5. 第 4 张幻灯片标题为"二、特点"，将其中的内容设为"垂直块列表"SmartArt 对象，素材中红色文字为一级内容，蓝色文字为二级内容。并为该 SmartArt 图形设置动画，要求组合图形"逐个"播放，并将动画的开始设置为"上一个动画之后"。

6. 利用相册功能为考生文件夹下的"Image2.jpg"～"Image9.jpg"8 张图片"新建相册"，要求每页幻灯片 4 张图片，相框的形状为"居中矩形阴影"；将标题"相册"更改为"六、图片欣赏"。将相册中的所有幻灯片复制到"天河二号超级计算机.ppt"中。

7. 将该演示文稿分为 4 节，第一节节名为"标题"，包含 1 张标题幻灯片；第二节节名为"概况"，包含 2 张幻灯片；第三节节名为"特点、技术参数等"，包含 4 张幻灯片；第四节节名为"图片欣赏"，包含 3 张幻灯片。每一节的幻灯片均为同一种切换方式，节与节的幻灯片切换方式不同。

二维码 4

8. 除标题幻灯片外，其他幻灯片的页脚显示幻灯片编号。

9. 设置幻灯片为循环放映方式，如果不单击，幻灯片 10s 后自动切换至下一张。

注：天河二号素材.docx 见二维码 4。

【真题答案】

真题答案见二维码 5。

二维码 5

参考文献

[1] 张秋余,张聚礼.软件工程[M].西安:西安电子科技大学出版社,2014.

[2] 林子雨.大数据基础编程、实验和案例教程[M].北京:清华大学出版社,2017.

[3] 李国杰.信息科学技术的长期发展趋势和我国的战略取向[J].中国科学:信息科学,2010,40(1):128-138.

[4] 张莉.大学计算机基础教程[M].北京:清华大学出版社,2013.

[5] 山东省地方税务局.税务信息化基础及应用[M].北京:中国税务出版社,2012.

[6] 赵勇.架构大数据——大数据技术及算法解析[M].北京:清华大学出版社,2015.

[7] 朝乐门.数据科学理论与实践[M].北京:清华大学出版社,2017.

[8] 张赵管,李应勇,刘经天.大学计算机应用基础(Windows 7+Office 2010)[M].天津:南开大学出版社,2013.

[9] 汤小丹,梁红兵,哲凤屏,等.计算机操作系统[M].西安:西安电子科技大学出版社,2007

[10] 赵建敏,张海娜,郭燕,等.Windows 7 案例教程[M].北京:航空工业出版社,2012.

[11] 赵江.Windows 7 从入门到精通[M].北京:电子工业出版社,2009.

[12] 丛书编委会.计算机应用基础——Windows 7+ Office 2010[M].北京:清华大学出版社,2011.

[13] 高万萍,吴玉萍.计算机应用基础教程(Windows 7,Office 2010)[M].北京:清华大学出版社,2013.

[14] 高万萍,吴玉萍.计算机应用基础实训指导(Windows 7,Office 2010)[M].北京:清华大学出版社,2013.

[15] 宋翔.Office 2010 办公专家从入门到精通[M].北京:北京希望电子出版社,2010.

[16] 华诚科技.Office 2010 从入门到精通[M].北京:机械工业出版社,2011.

[17] WEISS M A.数据结构与算法分析:Java 语言描述[M].冯舜玺,译.2 版.北京:机械工业出版社,2004.

[18] 萨默维尔.软件工程[M].程成,等译.北京:机械工业出版社,2011.

[19] 张海藩,吕云翔.软件工程[M].北京:人民邮电出版社,2013.

[20] 张海藩,牟永敏.软件工程导论[M].6 版.北京:清华大学出版社,2013.

[21] 张海藩.软件工程[M].3 版.北京:人民邮电出版社,2010.

[22] 尤晓东,闫俐,叶向,等.大学计算机应用基础[M].3 版.北京:中国人民大学出版社,2013.

[23] 尤晓东,闫俐,叶向,等.大学计算机应用基础习题与实验指导[M].2 版.北京:中国人民大学出版社,2011.

[24] 王作鹏,殷慧文.PowerPoint 2010 从入门到精通[M].北京:人民邮电出版社,2013.

[25] 宋翔.Office 2010 办公专家从入门到精通[M].北京:北京希望电子出版社,2010.

[26] 丁喜纲.计算机网络技术基础项目化教程[M].北京:北京大学出版社,2011.

[27] 李松树,周利民,付开耀.大学计算机基础[M].长沙:国防科技大学出版社,2010.

[28] 鄢涛,刘容.大学计算机基础教程[M].北京:科学出版社,2012.

[29] 宋耀文.新编计算机基础教程[M].北京:清华大学出版社,2014.

[30] 尹琳,张春燕.计算机基础教程[M].重庆:重庆大学出版社,2016.

[31] 张晓芳,王志海,张磊.大学计算机基础[M].北京:北京邮电大学出版社,2017.

[32] 汪文斌.移动互联网[M].武汉:武汉大学出版社,2013.

［33］ 潘银松,颜烨.大学计算机基础[M].重庆：重庆大学出版社,2017.

［34］ 教育部考试中心.全国计算机等级考试二级教程 MS Office 高级应用(2018 年版)[M].北京：高等教育出版社,2017.

［35］ 教育部考试中心.全国计算机等级考试二级教程 MS Office 高级应用上机指导(2018 年版)[M].北京：高等教育出版社,2017.

［36］ 陈越,何钦铭,等.数据结构[M].北京：高等教育出版社,2012.

［37］ 王红梅,胡明,王涛.数据结构(C++ 版)[M].2 版.北京：清华大学出版社,2011.

图 书 资 源 支 持

感谢您一直以来对清华版图书的支持和爱护。为了配合本书的使用，本书提供配套的资源，有需求的读者请扫描下方的"书圈"微信公众号二维码，在图书专区下载，也可以拨打电话或发送电子邮件咨询。

如果您在使用本书的过程中遇到了什么问题，或者有相关图书出版计划，也请您发邮件告诉我们，以便我们更好地为您服务。

我们的联系方式：

地　　址：北京市海淀区双清路学研大厦 A 座 701

邮　　编：100084

电　　话：010－62770175－4608

资源下载：http://www.tup.com.cn

客服邮箱：tupjsj@vip.163.com

QQ：2301891038（请写明您的单位和姓名）

用微信扫一扫右边的二维码，即可关注清华大学出版社公众号"书圈"。

资源下载、样书申请

书圈

扫一扫，获取最新目录